Verlag Podszun-Motorbücher GmbH
Elisabethstraße 23-25, D-59929 Brilon
Herstellung: LUC Medienhaus, Greven
Internet: www.podszun-verlag.de
Email: info@podszun-verlag.de
ISBN 978-3-7516-1074-2

Alexander Weber

# MERCEDES-BENZ Omnibusse

Vierter Band

PODSZUN

# VORWORT

Aller guten Dinge sind ja bekanntlich drei. Manchmal müssen es aber, wie im Falle dieser Buchreihe, auch einmal vier sein. Die Vielzahl an Omnibus-Modellen der Marke Mercedes-Benz, die nach 1945 bis heute gebaut wurden, die Minibusse und auch die reinen Chassis für Aufbauhersteller hätten einen Einzelband zur Geschichte der Mercedes-Benz Omnibusse nach 1945 entweder gesprengt oder die einzelnen Fahrzeuge hätten nur sehr oberflächlich dargestellt werden können. Da zudem teilweise auch mehr als umfangreiches, noch nie veröffentlichtes Bildmaterial zur Verfügung stand, ist nun dieser vierte Band zur Geschichte der Omnibusse von Mercedes-Benz entstanden. Dieser behandelt die ab den 1980er-Jahren produzierten Omnibusse beginnend mit den Standard II-Wagen bis hin zum eCitaro heutiger Tage. Auch die Minibusse finden in diesem Band ihre Würdigung und auch die reinen Fahrgestelle, die Aufbauhersteller weltweit bis heute als Basis ihrer Kreationen nutzen, finden hier ihren Platz. Der eigentlich auch noch geplante Abschnitt zu den Auslandsproduktionen, die teils interessante Lösungen für regionale Märkte hervorgebracht haben und immer noch hervorbringen, musste dagegen entfallen, weil dieser hier nicht auch noch unterzubringen war und ein fünfter Band nach den beiden Bänden zur Vorkriegsgeschichte und den zu den Fahrzeugen bis zu den 1980er-Jahren nicht wirklich zielführend gewesen wäre.

Gerade dieser vierte Band hat sich im Nachhinein als der, was die Recherche betrifft, aufwendigste erwiesen. Die bis Ende 2021 noch in den Mercedes-Benz Classic Archiven in Fellbach vorhandene technische Dokumentation zu den ab den 1980er-Jahren hergestellten Omnibussen, welche mit der Aufspaltung der Daimler-Benz AG in zwei Nachfolgeunternehmen auf die Daimler Truck AG übergegangen ist, hat sich nämlich als reichlich lückenhaft herausgestellt. Trotzdem ist es einmal mehr gelungen, die Chronologie der einzelnen Modelle weitgehend zu rekonstruieren, was allein natürlich nie möglich gewesen wäre, weshalb mein erster Dank den Verantwortlichen und Mitarbeitern (ehemaligen wie aktuellen) der Mercedes-Benz Classic Archive gebührt, die dieses Projekt tatkräftig unterstützt haben. Des Weiteren haben die Herren Bernd Hülsmann von der Tremonia Mobility GmbH, Michael Mertes, Daniel Ossweiler, Trudi Sheppard von APT Touring, Alon Siton, Udo Sürig von der Daimler Truck AG, Greg Travers, Piet van Biesen und Alessandro Zanotti dieses Buch durch die Bereitstellung von Unterlagen, Bildmaterial und ihre kritischen Anregungen unterstützt, wofür ich Ihnen ebenfalls meinen Dank aussprechen möchte.

Bei der Vielzahl der Omnibus- und Minibus-Modelle, die von Daimler-Benz gefertigt wurden, ist es klar, dass sich manche Fragen nicht immer bis ins letzte Detail klären ließen. Daran sind nicht zuletzt auch die bisweilen unklare Quellenlage oder auch komplett fehlende Originalquellen schuld. Zudem widersprechen sich teilweise die Angaben in den zur Verfügung stehenden Werkspublikationen und auch zeitgenössischen Testberichten. Von daher würde ich mich über eventuelle Korrekturen oder Ergänzungen aus der Leserschaft, die direkt an den Verlag gesandt werden können, sehr freuen.

**Alexander Weber**
Heilbronn, August 2022

# INHALT

# O 405, O 407 und O 408 (Baumuster 357 und 612)

## Die Standard II-Familie

Nachdem man der Kundschaft mit dem S 80-Prototyp bereits 1979 einen ersten Ausblick auf die zukünftigen Standard II-Omnibusse gewährt hat, präsentiert Daimler-Benz 1983 in Form des Solowagens O 405 und des Gelenkomnibusses O 405 G die beiden ersten Vertreter der neuen Standard II-Linienomnibusfamilie. Beide sind selbsttragende Ganzstahlkonstruktionen, wobei sich die Karosserien im typisch eckigen Design des Standard II-Lastenheftes mit sphärisch geformten, tief herabgezogenen Frontscheiben und erstmals eingeklebten Seitenscheiben präsentieren. Der O 405 G ist dabei wie schon sein Vorgänger O 305 G durch die Verbindung eines nach der Hinterachse gekürzten O 405 als Vorderwagen mit einem zweiten, kurz vor der Mitteltür gekürzten O 405 als Hinterwagen durch eine Gelenkverbindung mit Drehkranz und patentierter Knickwinkelsteuerung mit hydraulischer Dämpfung entstanden. Dementsprechend einheitlich zeigt sich auch das Fahrwerk beider Typen. Als Vorderachse kommt eine gekröpfte Faustachse mit nadelgelagerten Achsschenkeln und Servolenkung zum Einbau, die durch drei Längs- und einen Querlenker geführt wird. Die Hinterachse bildet eine Außenplanetenachse mit einer Führung durch je zwei Längs- und Schräglenker und die Mittelachse beim Gelenkwagen schließlich eine Rohrachse. Als Federung dient die bewährte Luftfederung mit integrierter Zusatzfeder in den Federbälgen, wobei die Vorderachse zwei Federbälge, die Hinterachse vier aufweist. Zusätzlich sind an jeder Achse vier Teleskopstoßdämpfer verbaut und auch eine Niveauregulierung ist vorhanden. Als Antriebsaggregat dient dem O 405 der längs im Heck eingebaute, liegende Reihensechszylinder OM 427 h, der im Solowagen 204 PS, im O 405 G 240 PS leistet. Auf Wunsch ist die stärkere Motorvariante aber auch für den Solowagen zu haben und für den Gelenkomnibus der turboaufgeladene OM 427 hA mit 280 PS. An die Motoren direkt angeflanscht ist ein MB-Dreigang-Automatikgetriebe mit integriertem Retarder. Alternativ können aber auch ein ZF-Viergang-Schaltgetriebe oder ein MB GO 4-Sechsganggetriebe eingebaut werden. Das Bremssystem bilden schließlich eine Zweikreis-Druckluftbremsanlage, eine gestängelose Federspeicherbremse und eine elektropneumatische Haltestellenbremse.

1985 ergänzt der Überlandlinienbus O 407 das Programm weiter. Er unterscheidet sich vom O 405 in erster Linie durch den höheren Wagenboden im Innern, die nur einfach breite Vordertüre und die deutlich weiter nach oben gezogene, einteilige Frontscheibe und den dadurch kleinen Linienanzeiger. In der Folge wird diese Überlandfront als Sonderausstattung auch für den O 405 und O 405 G angeboten werden. Als Antriebsquelle dient dem O 407 der neue OM 447 h, der standardmäßig 240 PS leistet, aber auch in einer gedrosselten Variante mit 204 PS oder einer turboaufgeladenen Version mit 280 PS eingebaut werden kann. An ihn ist ab Werk ein MB GO 4-Fünfgang-Schaltgetriebe angeflanscht. Auf Wunsch kann auch ein Sechsganggetriebe oder ein Viergang-Automatikgetriebe mit Retarder zur Anwendung kommen. Zudem kann der O 407 optional mit ABS ausgestattet werden. Ansonsten entspricht das Fahrwerk dem des normalen O 405. Dieser, wie auch der O 405 G, übernehmen ab 1986 die neuen Motoren und auch das optionale ABS, dem nun auch noch die Antriebsschlupfregelung ASR zur Seite gestellt wird. Zudem wird für den O 405 G auch noch die Viergangautomatik als weitere Ausstattungsvariante zur Verfügung gestellt.

Nur drei Jahre darauf erfährt das Angebot an Standard II-Omnibussen abermals eine Erweiterung, als der Kombiomnibus O 408 die Lücke zwischen dem O 407 und dem O 303 schließt. Er übernimmt das Fahrwerk des O 407, dessen Radstand die Konstrukteure lediglich auf 6,15 m strecken und ihm eine Karosserie mit bis zur Dachkante nach oben gezogenen Seitenscheiben und einer vergrößerten, gewölbten Frontscheibe spendieren. Gleichzeitig mit der Vorstellung des O 408 erfahren auch die OM 447 h-Motoren eine leichte Überarbeitung, so dass sie nun in der Normalversion 220 PS, gedrosselt 214 PS, turboaufgeladen 250 PS und als OM 447 hLA mit Ladeluftkühlung 299 PS leisten. Zum Modelljahr 1992 ersetzen Automatikgetriebe von Voith oder ZF die bisher verbauten Mercedes-Benz-eigenen Konstruktionen. Zwei Jahre darauf erfährt das Programm an Standard II-Omnibussen abermals eine Überarbeitung, denn ab September 1994 sind die Motoren auch in einer verbesserten Version nach EURO 2-Standard zu haben. Um die Fahrzeuge von den bisher gefertigten Omnibussen nach EURO 1-Standard, die es parallel noch bis Ende 1997 geben wird, abzugrenzen, erhalten sie intern die neue Baumusterkennung 612. 1998 fällt dann der O 408 aus dem Programm, nachdem in Form des O 550

Der Prototyp der zukünftigen Standard II-Omnibusse entsteht 1979 in Form des S 80, der sich zwar noch in vielen Details vom späteren O 405 unterscheidet, aber schon einen ersten Ausblick auf die neue Linienomnibusgeneration gewährt.

Der Prototyp der neuen Standard II-Überlandlinienomnibusse trägt die Typenbezeichnung Ü 80. Er entspricht schon weitgehend dem späteren Serien-O 407.

*Sammlung Alexander Weber*

1983 ist es dann soweit und Daimler-Benz stellt mit dem O 405 den ersten Omnibus der neuen Standard II-Generation vor.

Die Hamburger Hochbahn AG ist einer der Abnehmer des O 405.

Auch die SSB in Stuttgart ordert den O 405 in mehreren Serien bei Daimler-Benz.

Für die Züricher Verkehrsbetriebe entsteht diese spezielle Version des O 405 mit zusätzlichem, schmalem Heckeinstieg.

*Sammlung Alexander Weber*

Integro bereits seit 1996 sein Nachfolger erhältlich ist. O 405, O 405 G und O 407 werden sich dagegen noch bis 2001 im Angebot halten und das, obwohl schon 1990 die ersten Niederflurmodelle der Marke Mercedes-Benz auf den Markt gekommen waren.

Ähnlich wie beim O 305 gibt es auch vom O 405 wieder O-Bus- und DUO-Omnibus-Varianten. So entsteht 1986 auf Basis des O 405 der dreitürige O-Bus-Prototyp O 405 T, bei dem im Heck lediglich ein Hilfsdiesel in Form des Reihenvierzylinders OM 601 untergebracht ist, der über ein Viergang-Automatikgetriebe auf die Außenplaneten-Doppelantriebsachse wirkt. Der eigentliche Fahrmotor ist ein unterflur, zwischen den Achsen platzierter Elektromotor der AEG, der über eine Gelenkwelle mit der Antriebsachse verbunden ist. Nach Tests in Esslingen übernehmen ihn die dortigen Verkehrsbetriebe und setzen ihn bis 2002 ein. Da er aber in der Produktion ähnlich teuer ist wie ein entsprechender Gelenkwagen, kommt es zu keinen Nachbauten. Stattdessen stellt Daimler-Benz ebenfalls 1986 auch den O 405 GTD vor, einen DUO-Omnibus, der wahlweise vom serienmäßigen OM 447 h oder einem über die Oberleitung mit Strom versorgten, vor der Außenplaneten-Doppelantriebsachse platzierten AEG-Fahrmotor angetrieben wird. Bis 1993 werden insgesamt 47 Exemplare des O 405 GTD produziert. Der parallel angebotene, rein elektrische O 405 GT, der denselben Antriebsstrang wie der O 405 T hat, wird dagegen nur auf dem Papier existieren. Dafür entsteht mit dem O 405 GTZ noch eine Spezialversion als Erprobungswagen für die Züricher Verkehrsbetriebe. Bei ihm ist im Heck ein BBC-Elektromotor untergebracht, der die Standard-Außenplanetenachse antreibt. Zusätzlich ist im Vorderwagen unterflur, seitlich zwischen den Achsen noch ein Reihenfünfzylinder des Typs OM 602 vorhanden. Dieser kann, wenn es die Witterung oder die Topografie der Strecke erfordert, zugeschaltet werden und treibt dann über ein Viergang-Automatikgetriebe und zwei Winkelgetriebe die mittlere Achse an, die ebenfalls als Außenplanetenachse ausgeführt ist. Da sich der Probewagen in Zürich bewährt, entstehen bis 1993 insgesamt 100 O 405 GTZ, die an die Verkehrsbetriebe in Zürich und Winterthur gehen.

Wie an den gefassten Schiebefenstern und der etwas hochbeinigen Optik zu erkennen ist, handelt es sich bei diesem O 405 um ein Exportfahrzeug.
*Sammlung Alexander Weber*

Hier sehen wir einen O 405 mit Aufbau des israelischen Herstellers Merkavim. *Foto Alon Siton*

**Baumuster 357**

| | | | | |
|---|---|---|---|---|
| Typ | **O 405** | **O 405** | **O 405** | **O 405 T** |
| Motor | OM 427 h | OM 447 h | OM 447 h | AEG |
| Zylinder | 6 | 6 | 6 | - |
| Hubraum in cm³ | 11957 | 11967 | 11967 | - |
| Leistung in PS | 204 | 204 | 214 | 244 |
| L x B x H in mm | 11545 x 2500 x 3058 | 11545 x 2500 x 3058 | 11545 x 2500 x 3058 | 11545 x 2500 x 3400 |
| Radstand in mm | 5875 | 5875 | 5875 | 5875 |
| Bauzeit | 1983–1985 | 1986–1988 | 1989–1997 | 1986 |
| Anmerkungen | auf Wunsch auch mit 240 PS | auf Wunsch auch mit 240 PS oder mit 280 PS | auf Wunsch auch mit OM 447 hA 250 PS oder OM 447 hLA mit 299 PS | O-Bus-Prototyp mit OM 601 Hilfsdiesel |

**Baumuster 357**

| | | | | | | |
|---|---|---|---|---|---|---|
| Typ | **O 405 G** | **O 405 G** | **O 405 G** | **O 405 GT** | **O 405 GTD** | **O 405 GTZ** |
| Motor | OM 427 h | OM 447 h | OM 447 hA | AEG | OM 447 h | BBC |
| Zylinder | 6 | 6 | 6 | - | 6 | - |
| Hubraum in cm³ | 11957 | 11967 | 11967 | - | 11967 | - |
| Leistung in PS | 240 | 240 | 250 | 244 | 240 | 217 |
| L x B x H in mm | 17400 x 2500 x 3058 | 17400 x 2500 x 3058 | 17400 x 2500 x 3058 | 17400 x 2500 x 3400 | 17400 x 2500 x 3400 | 17400 x 2500 x 3460 |
| Radstand in mm | 5875 + 6175 | 5875 + 6175 | 5875 + 6175 | 5875 + 6175 | 5875 + 6175 | 5875 + 6175 |
| Bauzeit | 1983–1985 | 1986–1988 | 1989–1997 | 1987–1993 | 1986–1993 | 1986–1993 |
| Anmerkungen | auf Wunsch auch mit OM 447 hA mit 280 PS | auf Wunsch auch mit OM 447 hA mit 280 PS | auf Wunsch auch mit OM 447 hLA mit 299 PS | O-Bus mit OM 601 Hilfsdiesel | DUO-Omnibus; auf Wunsch auch mit OM 447 hA mit 280 PS; AEG-Elektromotor mit 244 PS | O-Bus mit Diesel-Zusatzantrieb auf 2. Achse mit OM 602 |

In Barcelona ist dieser O 405 mit Castrosuosa-Karosserie unterwegs.
*Sammlung Alexander Weber*

Die Verkehrsbetriebe in Barcelona haben auch O 405 mit Aufbauten von Hispano im Fuhrpark.
*Sammlung Alexander Weber*

### Baumuster 357

| Typ | O 407 | O 407 | O 408 |
|---|---|---|---|
| Motor | OM 447 h | OM 447 hA | OM 447 hA |
| Zylinder | 6 | 6 | 6 |
| Hubraum in $cm^3$ | 11967 | 11967 | 11967 |
| Leistung in PS | 240 | 250 | 250 |
| L x B x H in mm | 11920 x 2500 x 3058 | 11920 x 2500 x 3058 | 11928 x 2500 x 3068 |
| Radstand in mm | 5875 | 5875 | 6150 |
| Bauzeit | 1985–1990 | 1991–1997 | 1989–1997 |
| Anmerkungen | auf Wunsch auch mit 204 PS oder mit OM 447 hA mit 280 PS | auf Wunsch auch mit OM 447 h mit 220 PS oder OM 447 hLA mit 299 PS | auf Wunsch auch mit OM 447 h mit 214 PS oder OM 447 hLA mit 299 PS |

Und auch O 405 mit Karosserien von Unicar sind für die TMB Barcelona unterwegs. *Sammlung Alexander Weber*

Auf dieser Abbildung ist ein O 405 zu sehen, den Optare mit einem Aufbau versehen hat. Wie in Großbritannien oft üblich, besitzt er nur einen Ein- und Ausstieg vorne. *Sammlung Alexander Weber*

### Baumuster 612

| Typ | O 405 | O 405 G | O 407 | O 408 |
|---|---|---|---|---|
| Motor | OM 447 h | OM 447 hA | OM 447 hA | OM 447 hA |
| Zylinder | 6 | 6 | 6 | 6 |
| Hubraum in $cm^3$ | 11967 | 11967 | 11967 | 11967 |
| Leistung in PS | 214 | 250 | 250 | 250 |
| L x B x H in mm | 11545 x 2500 x 3058 | 17400 x 2500 x 3058 | 11920 x 2500 x 3058 | 11928 x 2500 x 3068 |
| Radstand in mm | 5875 | 5875 + 6175 | 5875 | 6150 |
| Bauzeit | 1994–2001 | 1994–2001 | 1994–2001 | 1994–2001 |
| Anmerkungen | Motor nach EURO 2-Norm; auf Wunsch auch mit OM 447 hA mit 250 PS oder OM 447 hLA mit 299 PS | Motor nach EURO 2-Norm; auf Wunsch auch mit OM 447 hLA mit 299 PS | Motor nach EURO 2-Norm; auf Wunsch auch mit OM 447 h mit 220 PS oder OM 447 hLA mit 299 PS | Motor nach EURO 2-Norm; auf Wunsch auch mit OM 447 h mit 214 PS oder OM 447 hLA mit 299 PS |

Auch schweizerische Karosseriebauer kleiden den O 405 ein. Hier sehen wir einen Wagen für die schweizerische Post mit Karosserie von Ramseier + Jenzer. *Werksfoto Ramseier + Jenzer – Sammlung Alexander Weber*

*Links oben:* Als AM O 405-P vermarktet Avtomontaza aus dem slowenischen Ljubljana seine Interpretation des O 405. *Sammlung Alexander Weber*

*Oben:* Wie schon den O 305 bietet Daimler-Benz auch den O 405 in einer speziellen Version als spurgeführten Omnibus an.

*Links unten:* Serienmäßig ist der O 405 zwar nicht mit Erdgasantrieb zu haben, dennoch entsteht 1996 eine kleine Serie von Fahrzeugen mit dieser umweltfreundlichen Antriebstechnik. *Pressefoto Daimler AG*

1986 präsentiert Daimler-Benz den O-Bus-Prototyp O 405 T, der nach ausgiebigen Tests von den Esslinger Verkehrsbetrieben übernommen und bis 2002 eingesetzt wird. Zu einer Serienfertigung kommt es nicht. *Sammlung Alexander Weber*

Zusammen mit dem O 405 stellt Daimler-Benz 1983 auch den Gelenkomnibus O 405 G vor. Hier sehen wir ein Exemplar auf dem Werkshof in Mannheim. *Sammlung Alexander Weber*

Die Verkehrsbetriebe in Heilbronn haben einige O 405 G im Fuhrpark, die fast alle mit Komplettwerbung versehen sind, wie Wagen 57, der an der Haltestelle Rathaus auf die Weiterfahrt wartet. *Foto Alexander Weber*

Dieser O 405 G der Stuttgarter SSB legt nach einer Sonderfahrt auf der Linie 54 eine Pause ein. *Foto Alexander Weber*

Die Busgesellschaft Trans Island aus Neuseeland lässt ihre O 405 G beim spanischen Aufbauhersteller Hispano einkleiden. *Sammlung Alexander Weber*

In Israel sind dagegen O 405 G mit Aufbauten des lokalen Herstellers Merkavim unterwegs.
*Foto Alon Siton*

Hier sehen wir einen O 405 G mit Aufbau der Firma Alexander aus dem Jahr 1994.
*Sammlung Alexander Weber*

Der bekannte italienische Karossier Macchi aus Varese hat den Überlandlinienaufbau für diesen O 405 G geschaffen.
*Foto Alessandro Zanotti*

Auch das Consorzio Autolinee Cosenza hat sich für einen O 405 G mit Macchi-Karosserie entschieden. Dieser hat allerdings die Standard-Linienomnibus-Front von Macchi und nicht den originalen Werks-Windlauf.
*Foto Alessandro Zanotti*

Auch bei diesem Gelenkwagen handelt es sich um einen O 405 G. Der Aufbau stammt diesmal von Portesi.
*Foto Alessandro Zanotti*

Der DUO-Gelenkomnibus O 405 GTD hat 1986 seine Premiere. Er wird bis 1993 in insgesamt 47 Exemplaren produziert werden, wobei das hier abgebildete Fahrzeug 1988 nach Esslingen geht.
*Sammlung Alexander Weber*

Für die O-Bahn-Testanlage in Rastatt entstehen 1987 zwei O 405 GTD-Spurbusse, die Daimler-Benz dort für Versuche nutzt.

Die Essener Verkehrsbetriebe erhalten 1986 und 1987 insgesamt 18 spurgeführte O 405 GTD.
*Sammlung Alexander Weber*

Zwei O 405 GTD gehen 1993 nach Kopenhagen.
*Sammlung Alexander Weber*

Der O 405 GTZ ist ein Erprobungswagen für die Züricher Verkehrsbetriebe. Er ist ein O-Bus mit Dieselzusatzantrieb, der sich so gut bewährt, dass Zürich bis 1993 insgesamt 79 Exemplare ordert.

Weitere 21 O 405 GTZ gehen an die Verkehrsbetriebe in Winterthur.
*Sammlung Alexander Weber*

1985 kommt als weiterer Vertreter der Standard II-Familie der Überlandlinienomnibus O 407 heraus.
*Sammlung Alexander Weber*

Hier sehen wir einen O 407 in Diensten der DB. *Sammlung Alexander Weber*

Der O 407 ist ein robuster und langlebiger Omnibus, dieses Exemplar wartet 2017 am Heilbronn Hauptbahnhof auf den nächsten Einsatz und trägt mittlerweile seine dritte Lackierung.
*Foto Alexander Weber*

Die Berufsfeuerwehr Heilbronn nutzt einen ehemaligen und entsprechend umgebauten O 407 der RBS Stuttgart als mobile Kommandozentrale bei Großeinsätzen.
*Foto Alexander Weber*

Der damalige Süddeutsche Rundfunk erhält 1989 diesen speziell ausgestatteten O 407 als mobiles Sendestudio. Das Fahrzeug ist auch heute noch im Einsatz, wobei aus dem SDR mittlerweile der Südwestrundfunk geworden ist.
*Sammlung Alexander Weber*

Der Kombiomnibus O 408 vervollständigt 1989 die Standard II-Familie. Vor allem auch auf den Exportmärkten in Frankreich und den Beneluxstaaten wird sich dieser am Ende sehr gut verkaufen.
*Sammlung Alexander Weber*

Hier sehen wir einen O 408 der Firma Rubenacker aus Altensteig, den der Werksfotograf 1992 zu Werbeaufnahmen in Szene gesetzt hat.

# O 405 N und N2 (Baumuster 357 und 612)

## Der Start ins Niederflurzeitalter

Im Jahr 1990 erhält die Linienomnibus-Familie erneut Zuwachs. Mercedes-Benz stellt mit dem O 405 N seinen ersten Niederflur-Linienomnibus vor. Dieser ist aus den Standard II-Fahrzeugen weiterentwickelt worden, deren Grundgerippe allerdings in einigen Punkten grundlegend umkonstruiert werden musste. So ist der Bodenrahmen bei den Niederflurfahrzeugen im vorderen Bereich als Plattform ausgebildet und nur noch im Heckbereich, der gegenüber dem O 405 leicht verlängert wurde, als Gitterrahmen gehalten. Dadurch kann der Wagenboden bis zur Mitteltüre auf 370 mm Höhe im Gegensatz zu den 710 mm im normalen O 405 abgesenkt werden, wodurch ein stufenloser Einstieg möglich wird. Ab der Mitteltüre steigt der Fußboden dann über mehrere Stufen wieder an, um im Heck auch weiterhin den Motor unterbringen zu können. Im Niederflurbereich sind die Sitze auf Podesten angeordnet, da der Aufbau, bis auf eine leicht überarbeitete Front mit noch tiefer heruntergezogener Frontscheibe die hohe Seitenfensterlinie des Hochboden-405ers übernimmt. Da der O 405 N auch in einer dreitürigen Version angeboten wird, verlegen die Konstrukteure den Motor im Heck nach links. Dieser wiederum ist der bekannte OM 447 h, wobei auf Wunsch auch der turboaufgeladene OM 447 hA oder der noch stärkere OM 447 hLA mit Ladeluftkühlung eingebaut werden können. An die Motoren angeflanscht ist ein MB-Dreiganggetriebe mit Retarder, von dem ein gerader Wellenstrang zur Außenplaneten-Hinterachse mit nach links versetztem Hinterachsantrieb führt. Die Achse selbst wird durch zwei oben angebrachte Längs- und zwei unten angebrachte Querlenker geführt und besitzt als Federung vier Rollbälge und vier Stoßdämpfer. Die Vorderachse wiederum ist eine Faustachse mit Servolenkung, die in Richtung Achsfaust deutlich stärker gekröpft ist als beim O 405. Ihre Führung übernehmen zwei Längslenker aus Flachstahl mit einseitiger, am Bodenrahmen angebrachter Lagerung und ein Querlenker. Die Federung erfolgt durch zwei Rollbälge und zwei Stoßdämpfer. Zusätzlich kann auch noch eine Kneeling-Einrichtung eingebaut werden. Das Bremssystem bilden die aus dem O 405 bekannte Zweikreis-Druckluftbremsanlage, eine gestängelose Federspeicherbremse und die elektropneumatische Haltestellenbremse. ABS und ASR sind auf Wunsch ebenfalls verfügbar. 1992 gesellt sich der Gelenkwagen O 405 GN, welcher in seiner Grundkonstruktion dem Solowagen weitgehend entspricht, zu diesem. Allerdings ist er serienmäßig mit dem OM 447 hA ausgestattet und verfügt über ein ZF-Viergang-Automatikgetriebe. Alternativ können auch eine Viergangautomatik von Voith oder ein Automatikgetriebe mit fünf Gängen von ZF eingebaut werden. Zudem ist die mittlere Achse wie üblich als Rohrachse ausgeführt. Auch im Innenraum weist der O 405 GN eine Veränderung auf, im Heckbereich steigt der Fußboden nämlich nun in Form einer Rampe an. Diese ersetzt in der Folge auch beim O 405 N die Stufen, weshalb allerdings die Mitteltüre eine halbe Fensterlänge nach vorne verschoben werden muss.

Zwei Jahre darauf erfährt das Niederflurprogramm der Marke Mercedes-Benz eine grundlegende Überarbeitung. In Form des O 405 N2 und seiner Derivate stellt man die zweite Niederflurliniengeneration vor, bei der im Bereich bis zur Antriebsachse die Sitze nun nicht mehr auf Podesten angebracht sind und deshalb die Seitenfensterlinie deutlich stärker nach unten gezogen ist. Da zeitgleich auch EURO 2-Triebwerke eingeführt werden, für die die entsprechend motorisierten Fahrzeuge unter der neuen Baumusternummer 612 geführt werden, wird bei den Solowagen die Karosserie um 10 cm verlängert, um im Heck die Abgasreinigung unterbringen zu können. Zudem gibt es die zweite Niederflurgeneration nun nicht mehr nur als Solo- und Gelenkwagen, sondern auch noch in Überlandversion als O 405 NÜ. Und erstmals bietet Mercedes-Benz seine Linienomnibusse auch serienmäßig mit Erdgasantrieb an, bei dem in den Modellen O 405 NG, O 405 NÜG und O 405 GNG der Erdgasmotor M 447 hG mit rund 240 PS im Heck arbeitet. Ab 1996 ergänzen dann auch noch der Überland-Gelenkwagen O 405 GNÜ, der O 405 NK mit verkürztem Radstand sowie der 13-m-Solowagen O 405 NÜL mit verlängertem Radstand, der auch als normaler Linienwagen O 405 NL angeboten wird, das Programm weiter. Ende 1997 fallen die bisher immer noch angebotenen Versionen mit EURO 1-Mo-

Bevor 1990 der Niederflur-Linienomnibus O 405 N offiziell vorgestellt wird, absolvieren Prototypen ein ausgiebiges Testprogramm.

Hier sehen wir den Vorführwagen des Typs O 405 N. Äußerlich unterscheidet er sich vom Hochboden-O 405 in erster Linie durch die stärker heruntergezogene Frontscheibe. *Sammlung Alexander Weber*

toren wie auch die auf Wunsch immer noch erhältlichen Modelle der ersten Niederflurgeneration aus dem Programm. Dieses Schicksal erleiden Ende 1998 auch die 13-m-Version, die Überlandvarianten und der O 405 NK, den es speziell für die Karlsruher Verkehrsbetriebe auch in einer Version mit niedrigerem Dach gab. O 405 N2 und O 405 GN2 werden sich noch bis 2001 in den Listen halten, dann endet auch ihre Fertigung.

Auf der Suche nach alternativen Antriebstechniken entstehen auch auf Basis der zweiten Niederflurgeneration von Mercedes-Benz wieder einige Versuchsfahrzeuge. So präsentiert man 1994 auf der IAA parallel zur Vorstellung der Serienfahrzeuge der zweiten Niederflurgeneration auch den so genannten „Pink Panther". Dieser DUO-Gelenkomnibus besitzt einen zusammen mit ZF entwickelten Radnabenantrieb, der über Asynchron-Radnabenmotoren die zweite und dritte Achse antreibt. Den Fahrstrom erhält er entweder aus der Oberleitung oder über einen Dieselmotor im Heck, der mit einem Generator gekoppelt ist. Aus diesem „Pink Panther" entsteht 1996 auf Anfrage der Züricher Verkehrsbetriebe der O 405 GNTD, der bis 1999 in Zürich ausgiebig erprobt wird. Zu weiteren Bestellungen kommt es aber nicht. Auf immerhin sieben Exemplare wird es dagegen die Hybridversion des O 405 N2 bringen, die 1996 und 1997 produziert wird. Der O 405 NH bzw. NÜH basiert auf der Erdgasversion des Solowagens mit der verstärkten Dachstruktur, da dort die von der Mercedes-Benz-Tochter AEG entwickelten Natrium-Nickelchlorid-Traktionsbatterien zusammen mit der notwendigen Kühltechnik untergebracht sind. Diese werden auf Überlandstrecken oder wenn die Batterieladung zu gering ist, über den im Heck verbauten, serienmäßigen Sechszylinder OM 447 LA, an den über das Schwungrad direkt ein Synchrongenerator angeflanscht ist, aufgeladen, so dass der Hybrid-O 405 im innerstädtischen Verkehr rein elektrisch und damit emissionsfrei betrieben werden kann. Den Antrieb selbst übernehmen ZF-Radnabenmotoren an der Hinterachse wie im O 405 GNTD. Ein ganz ähnliches Antriebskonzept besitzt auch der auf dem UITP-Kongress 1997 vorgestellte O 405 GNDE, von dem immerhin 17 Exemplare entstehen. Auch er ist mit einem Radnabenantrieb versehen, der allerdings nur über den Dieselmotor im Heck und den mit ihm gekoppelten Generator mit Strom versorgt wird. Die Omnibusse sind jahrelang erfolgreich bei der SSB Stuttgart im normalen Fahrgastbetrieb im Einsatz, bis sie 2001 abgestellt werden. Auf dem UITP-Kongress 1997 präsentiert Daimler-Benz auch den NEBUS (New Electric Bus) auf Basis des O 405 N2. Dieses ebenfalls mit einem ZF-Radnabenantrieb versehene Versuchsfahrzeug ist der erste Brennstoffzellenomnibus der Stuttgarter. Auf seinem Dach sind Tanks für den Wasserstoff vorhanden und auch die Brennstoffzellenmodule, in denen der Wasserstoff mit Sauerstoff zu einer kontrollierten Reaktion gebracht wird und dadurch elektrischer Strom für die Fahrmotoren entsteht. Nach umfangreichen, internen Tests ist der NEBUS Ende der 1990er-Jahre in verschiedenen Städten zur Erprobung im Fahrgastbetrieb und liefert wichtige Erkenntnisse für den Bau des Brennstoffzellen-Citaros.

**Baumuster 357**

| Typ | O 405 N | O 405 N2 | O 405 NÜ | O 405 NK | O 405 NL | O 405 NÜL |
|---|---|---|---|---|---|---|
| Motor | OM 447 h | OM 447 h | OM 447 hA | OM 447 h | OM 447 hA | OM 447 hA |
| Zylinder | 6 | 6 | 6 | 6 | 6 | 6 |
| Hubraum in $cm^3$ | 11967 | 11967 | 11967 | 11967 | 11967 | 11967 |
| Leistung in PS | 214 | 214 | 250 | 214 | 250 | 250 |
| L x B x H in mm | 11705 x 2500 x 2933 | 11795 x 2500 x 2933 | 11795 x 2500 x 2933 | 10395 x 2500 x 2933 | 13328 x 2500 x 2933 | 13328 x 2500 x 2933 |
| Radstand in mm | 5875 | 5875 | 5875 | 4475 | 7318 | 7318 |
| Bauzeit | 1990–1997 | 1994–1997 | 1994–1997 | 1996–1997 | 1996–1997 | 1996–1997 |
| Anmerkungen | auf Wunsch auch mit OM 447 hA mit 250 PS, ab 1994 auf Wunsch auch mit OM 447 hLA mit 299 PS | auf Wunsch auch mit OM 447 hA mit 250 PS oder OM 447 hLA mit 299 PS | auf Wunsch auch mit OM 447 hLA mit 299 PS | auf Wunsch auch mit OM 447 hA mit 250 PS | auf Wunsch auch mit OM 447 hLA mit 299 PS | auf Wunsch auch mit OM 447 hLA mit 299 PS |

**Baumuster 357**

| Typ | O 405 GN | O 405 GN2 | O 405 GNÜ |
|---|---|---|---|
| Motor | OM 447 hA | OM 447 hA | OM 447 hA |
| Zylinder | 6 | 6 | 6 |
| Hubraum in $cm^3$ | 11967 | 11967 | 11967 |
| Leistung in PS | 250 | 250 | 250 |
| L x B x H in mm | 17820 x 2500 x 2933 | 17820 x 2500 x 2933 | 17820 x 2500 x 2933 |
| Radstand in mm | 5725 + 6175 | 5725 + 6175 | 5725 + 6175 |
| Bauzeit | 1992–1997 | 1994–1997 | 1996–1997 |
| Anmerkungen | auf Wunsch auch mit OM 447 hLA mit 299 PS | auf Wunsch auch mit OM 447 hLA mit 299 PS | auf Wunsch auch mit OM 447 hLA mit 299 PS |

**Baumuster 612**

| Typ | O 405 N | O 405 N2 | O 405 NÜ | O 405 NK | O 405 NL | O 405 NÜL |
|---|---|---|---|---|---|---|
| Motor | OM 447 h | OM 447 h | OM 447 hA | OM 447 h | OM 447 hA | OM 447 hA |
| Zylinder | 6 | 6 | 6 | 6 | 6 | 6 |
| Hubraum in $cm^3$ | 11967 | 11967 | 11967 | 11967 | 11967 | 11967 |
| Leistung in PS | 214 | 214 | 250 | 214 | 250 | 250 |
| L x B x H in mm | 11795 x 2500 x 2933 | 11795 x 2500 x 2933 | 11795 x 2500 x 2933 | 10395 x 2500 x 2933 | 13328 x 2500 x 2933 | 13328 x 2500 x 2933 |
| Radstand in mm | 5875 | 5875 | 5875 | 4475 | 7318 | 7318 |
| Bauzeit | 1994–1997 | 1994–2001 | 1994–1998 | 1996–1998 | 1996–1998 | 1996–1998 |
| Anmerkungen | Motor nach EURO 2-Norm; auf Wunsch auch mit OM 447 hA mit 250 PS, oder OM 447 hLA mit 299 PS | Motor nach EURO 2-Norm; auf Wunsch auch mit OM 447 hA mit 250 PS oder OM 447 hLA mit 299 PS | Motor nach EURO 2-Norm; auf Wunsch auch mit OM 447 hLA mit 299 PS | Motor nach EURO 2-Norm; auf Wunsch auch mit OM 447 hA mit 250 PS | Motor nach EURO 2-Norm; auf Wunsch auch mit OM 447 hLA mit 299 PS | Motor nach EURO 2-Norm; auf Wunsch auch mit OM 447 hLA mit 299 PS |

Dieser O 405 N geht an die ESWE in Wiesbaden. Durch die Verglasung der Vordertüre erkennt man zumindest teilweise, dass die Sitze im vorderen, niederflurigen Teil des Fahrgastraums auf Podesten angeordnet sind, da der O 405 N die hohe Seitenfensterlinie des normalen O 405 übernommen hat.
*Sammlung Alexander Weber*

1993 erhält die Chemnitzer Verkehrs AG eine Serie von O 405 N.
*Sammlung Alexander Weber*

Dieser O 405 N des VRN Mannheim ist die spurgeführte Version des Niederflur-Linienomnibusses.

Die Züricher Verkehrsbetriebe erhalten die dreitürige Variante des O 405 N.

Ab 1994 ist der O 405 N2 erhältlich. Bei dieser Weiterentwicklung des O 405 N sind die Sitze im vorderen Fahrzeugteil nicht mehr auf Podesten angeordnet, was an der tiefer heruntergezogenen Seitenfensterlinie in diesem Bereich gut erkennbar ist. *Sammlung Alexander Weber*

Dieser zweitürige O 405 N2 geht an das Busunternehmen Dannenmann in Weinstadt.
*Sammlung Alexander Weber*

Diesen farbenfroh lackierten, dreitürigen O 405 N2 erhalten 1996 die Verkehrsbetriebe in Ulm.
*Sammlung Alexander Weber*

Dreitürige O 405 N2 versehen auch auf dem Frankfurter Flughafen den Vorfelddienst.

Macchi in Varese realisiert für den O 405 N2 diesen dreitürigen Stadtlinienaufbau mit eigenständigem Design.
*Werksfoto Macchi – Sammlung Alexander Weber*

Recht nah am Werksaufbau ist dagegen die Karosserie von Hispano für den O 405 N2 orientiert.
*Werksfoto Hispano – Sammlung Alexander Weber*

*Oben links:* Die Überlandlinienversion des O 405 N2 heißt O 405 NÜ und verfügt vorne nur über einen einfach breiten Einstieg und eine höher hinaufgezogene Windschutzscheibe. *Pressefoto Daimler AG*

*Oben rechts:* Dieser O 405 NÜ der Autolinee Varesine macht im Juni 2005 eine Betriebspause. *Foto Alexander Weber*

*Links:* 1996 kommt der O 405 NK mit verkürztem Radstand als weitere Ergänzung des Programms heraus. *Sammlung Alexander Weber*

Zwischen 1997 und 1998 entstehen insgesamt zehn Exemplare des O 405 NKF für die Verkehrsbetriebe in Karlsruhe. Er unterscheidet sich vom normalen O 405 NK durch das flachere Dach, um auch auf Strecken mit niedrigen Durchfahrtshöhen eingesetzt werden zu können. *Foto Alexander Weber*

Als Solowagen mit 13 m Länge kommen 1996 der O 405 NL und O 405 NÜL heraus. Letzteren sehen wir auf diesen beiden Werbeaufnahmen.
*Sammlung Alexander Weber*

In Form des O 405 NG bietet Daimler-Benz ab 1994 erstmals serienmäßig einen Omnibus mit Erdgasantrieb an. Hier sehen wir einen Prototyp während der Erprobung. *Pressefoto Daimler AG*

Der Vorführwagen des Typs O 405 NG hat noch zwei getrennte Doppelgastanks auf dem Dach. *Pressefoto Daimler AG*

*Rechts:* Dieses Exemplar des O 405 NG für die ÜSTRA verfügt dagegen über fünf Gasbehälter, die unter einer einzigen Abdeckhaube untergebracht sind. *Sammlung Alexander Weber*

*Oben:* Die Detailaufnahme zeigt die Gasbehälter auf dem Dach des Omnibusses. *Pressefoto Daimler AG*

Auch die Berliner BVG hat den O 405 NG im Bestand. *Pressefoto Daimler AG*

Vom kurzen O 405 NKG entsteht zumindest dieser Vorführwagen. Weitere Verbreitung findet der Typ allerdings nicht.

Anlässlich des UITP-Kongresses im Jahr 1995 lässt Daimler-Benz einen O 405 NÜG im Vorführdesign herrichten.
*Sammlung Alexander Weber*

Der Hybrid-Omnibus O 405 NH wird zwischen 1996 und 1997 in insgesamt sieben Exemplaren gefertigt. Hier sehen wir eines in Überlandlinienversion für den Regionalverkehr Allgäu.
*Sammlung Alexander Weber*

Die BVG in Berlin hat dagegen ab 1997 einen O 405 NH in der Stadtlinienversion im Bestand. In der Folge wird sie auch die anderen O 405 NH gebraucht übernehmen.
*Foto Alexander Weber*

*Oben links:* Auf dem UITP-Kongress in Stuttgart im Jahr 1997 präsentiert Daimler-Benz mit dem NEBUS den ersten Brennstoffzellen-Omnibus.

*Oben rechts:* Passend in Szene gesetzt zeigt sich der NEBUS auf diesem offiziellen Pressefoto. *Pressefoto Daimler AG*

*Links:* Ab 1992 ergänzt der O 405 GN das Angebot an Niederflurlinienomnibussen der Marke Mercedes-Benz. *Sammlung Alexander Weber*

Ein Abnehmer des O 405 GN ist der Berliner BVG. *Sammlung Alexander Weber*

**Baumuster 612**

| Typ | O 405 NG | O 405 NKG | O 405 NÜG | O 405 NH | O 405 NÜH | O 405 N 2 NEBUS |
|---|---|---|---|---|---|---|
| Motor | M 447 hG | M 447 hG | M 447 hG | OM 447 hA | OM 447 hA | ZF |
| Zylinder | 6 | 6 | 6 | 6 | 6 | - |
| Hubraum in $cm^3$ | 11967 | 11967 | 11967 | 11967 | 11967 | - |
| Leistung in PS | 240 | 240 | 240 | 250 | 250 | 2 x 67 |
| L x B x H in mm | 11795 x 2500 x 3416 | 10485 x 2500 x 3235 | 11795 x 2500 x 3416 | 11795 x 2500 x 3416 | 11795 x 2500 x 3416 | 11885 x 2500 x 3500 |
| Radstand in mm | 5875 | 4475 | 5875 | 5875 | 5875 | 5875 |
| Bauzeit | 1994–2001 | 1996–1998 | 1994–1998 | 1996–1997 | 1996–1997 | 1997 |
| Anmerkungen | Erdgas-Antrieb | Erdgas-Antrieb | Erdgas-Antrieb | Hybridomnibus | Hybridomnibus | Brennstoffzellen-Versuchsbus |

Analog zum O 405 N entwickelt Daimler-Benz auch den O 405 GN 1994 zum O 405 GN2 weiter.
*Sammlung Alexander Weber*

**Baumuster 612**

| Typ | O 405 GN | O 405 GN2 | O 405 GNÜ | O 405 GNG | O 405 GNDE | O 405 GNTD |
|---|---|---|---|---|---|---|
| Motor | OM 447 hA | OM 447 hA | OM 447 hA | M 447 hG | OM 447 hLA | OM 447 hLA |
| Zylinder | 6 | 6 | 6 | 6 | 6 | 6 |
| Hubraum in $cm^3$ | 11967 | 11967 | 11967 | 11967 | 11967 | 11967 |
| Leistung in PS | 250 | 250 | 250 | 240 | 299 | 299 |
| L x B x H in mm | 17820 x 2500 x 2933 | 17820 x 2500 x 2933 | 17820 x 2500 x 2933 | 17820 x 2500 x 3416 | 17820 x 2500 x 3300 | 17820 x 2500 x 3300 |
| Radstand in mm | 5725 + 6175 | 5725 + 6175 | 5725 + 6175 | 5725 + 6175 | 5725 + 6175 | 5725 + 6175 |
| Bauzeit | 1994–1997 | 1994–2001 | 1996–1998 | 1994–2001 | 1997 | 1994–1996 |
| Anmerkungen | Motor nach EURO 2-Norm; auf Wunsch auch mit OM 447 hLA mit 299 PS | Motor nach EURO 2-Norm; auf Wunsch auch mit OM 447 hLA mit 299 PS | Motor nach EURO 2-Norm; auf Wunsch auch mit OM 447 hLA mit 299 PS | Erdgas-Antrieb | diesel-elektrischer Antrieb | DUO-Omnibus, diesel-elektrisch |

*Oben links:* Dieser O 405 GN2 in viertüriger Ausführung ist am Frankfurter Flughafen als Vorfeldfahrzeug im Einsatz. *Pressefoto Daimler AG*

*Oben rechts:* Die Verkehrsbetriebe Hamburg – Holstein AG lassen ihre O 405 GN2 mit Hinterradabdeckungen versehen. *Sammlung Alexander Weber*

*Rechts:* Die Mailänder Verkehrsbetriebe ATM ordern Mitte der 1990er-Jahre mehrere Serien von O 405 GN2 mit Aufbauten von Macchi. *Werksfoto Macchi – Sammlung Alexander Weber*

Die Überlandlinienversion des O 405 GN2 hat die Typenbezeichnung O 405 GNÜ.

Hier sehen wir den O 405 GNG mit Erdgasantrieb. Dieser Vorführwagen von 1994 ist noch ein frühes Modell mit den zwei getrennten Doppelgastanks auf dem Dach des Hinterwagens.
*Pressefoto Daimler AG*

Auf dieser Aufnahme ist einer der spurgeführten O 405 GNG der Mannheimer Verkehrsbetriebe bei einer Probefahrt zu sehen. Er besitzt bereits fünf Gasbehälter unter einer einzigen Abdeckhaube.

Wie bei den 12-m-Wagen reiht die BVG in Berlin auch den 18 m langen O 405 GNG in ihren Bestand ein.

Der diesel-elektrische O 405 GNDE wird anlässlich des UITP-Kongresses 1997 vorgestellt. Die Stuttgarter SSB übernimmt in der Folge 17 der Fahrzeuge und setzt diese bis 2001 auf ihrem Liniennetz ein.

Auf der IAA 1994 stellt Daimler-Benz den DUO-Gelenkomnibus „Pink Panther" mit einem von der ZF entwickelten Radnabenantrieb vor.

*Pressefoto Daimler AG*

Aus dem „Pink Panther" entwickelt man auf Anfrage der Züricher Verkehrsbetriebe 1996 den O 405 GNTD, der bis 1999 in Zürich ausgiebig erprobt werden wird.

*Sammlung Alexander Weber*

# O 404 (Baumuster 356 und 618)

## Der Erbe des O 303

Die Entwicklungsarbeiten für den Nachfolger des O 303 starten bereits im Jahr 1983, doch wird es bis 1992 dauern, bis die Fertigung des neuen O 404 dann endlich startet. Im Gegensatz zu seinem Vorgänger ist der Neue als reiner Reiseomnibus entwickelt worden, den es nur noch in drei Längen und drei Aufbauhöhen gibt. Hierfür ist die Bodengruppe modular aus einzelnen Segmenten konzipiert und weist je nach Fahrzeugausführung unterschiedliche Höhen und unterschiedlich lange Mittelteile auf. Sie ist, wie auch das gesamte Karosseriegerippe, weitgehend aus Pressteilen gefertigt, was zu einem deutlich reduzierten Gewicht führt. A- und Hecksäule des Karosseriegerippes sind besonders stark ausgeführt, da sie als Überrollbügel dienen. Um die Karosserie besser als bisher vor Korrosion zu schützen, erhält der Wagenkörper im Rohzustand eine kathodische Tauchlackierung. Die Karosserie selbst, die von Bruno Sacco entworfen wurde, präsentiert sich sehr glattflächig mit tief heruntergezogener Frontscheibe und eingeklebten Seitenscheiben und bricht sehr deutlich mit der Formensprache des Vorgängermodells. Und auch unter dem Blech hat sich einiges gegenüber dem O 303 getan. Die wohl wichtigste Neuerung betrifft das Vorderachssystem, besitzt der O 404 doch hier eine Einzelradaufhängung mit Doppelquerlenkern. Als Hinterachse kommt dagegen eine bewährte Hypoidachse zum Einbau, die durch zwei Längs- und zwei Schräglenker geführt wird. Als Federung sind an der Vorderachse je zwei Rollbälge und Teleskopstoßdämpfer verbaut, an der Hinterachse jeweils vier. Zusätzlich ist eine Niveauregulierung vorhanden. Für den Antrieb sorgen längs im Heck platzierte Direkteinspritzer mit V-förmig angeordneten Zylindern, wobei der ladeluftgekühlte Achtzylinder OM 402 LA zunächst nur für die 15-Reiher in RHD- und SHD-Version zur Verfügung steht. An sie angeflanscht ist ein MB GO-Sechsgang-Getriebe mit Membranfederkupplung, für das auf Wunsch eine elektropneumatische Schaltung (EPS) lieferbar ist. Eine Zweikreis-Druckluftbremsanlage bildet die Betriebsbremse, wobei je nach Ausstattungsvariante Trommel- oder Scheibenbremsen an allen vier Rädern vorhanden sind. Als Feststellbremse kommt die bekannte gestängelose Federspeicherbremse zum Einbau, eine druckluftbetätigte Motorbremse bildet die Zusatzbremse. Zudem sind ABS und ASR ebenso serienmäßig vorhanden wie ein vollelektronischer Voith-Retarder. Neben diesen Zweiachsern stellt Mercedes-Benz zusätzlich noch den O 404 DD vor. Dieser Doppeldecker, dessen Aufbau von Drögmöller in Heilbronn gefertigt wurde, basiert auf einem Dreiachsfahrgestell, bei dem auch die Nachlaufachse eine Einzelradaufhängung besitzt. Zudem ist der O 404 DD mit dem noch stärkeren OM 442 LA als Antriebsquelle, einem Achtganggetriebe und serienmäßigem EPS ausgestattet. Er wird allerdings ein Einzelstück bleiben, da der Reiseomnibusmarkt Anfang der 1990er-Jahre einen Einbruch erfährt und den Verantwortlichen eine kostendeckende Fertigung nicht mehr gegeben erscheint. Mit ihm beerdigt man bei Mercedes-Benz auch Pläne für einen dreiachsigen Superhochdecker und einen Überlandlinienomnibus, wobei zumindest die Dreiachs-Bodengruppe des O 404 für externe Aufbauhersteller auch weiterhin im Angebot bleiben wird. Zum Modelljahr 1994 erweitert sich das Angebot der RH- und RHD-Versionen als Reaktion auf die Forderungen der Kundschaft nach preiswerteren Fahrzeugen um die Austattungsvariante Advantage, die noch unterhalb der bisherigen Basisversionen RH-K bzw. RHD-K angesiedelt ist und sich mit einem sehr funktionellen und pflegeleichten Interieur und dem Verzicht auf die Warmwasserheizung der Seitenwände besonders für den preiswerten Ausflugsverkehr eignet. Zudem ist für den 13-Reiher erstmals auch der Achtzylinder OM 402 LA als Motorisierung verfügbar und alle Varianten gibt es nun auch mit EURO 2-Triebwerken, wobei die entsprechend motorisierten Fahrzeuge unter dem neuen Baumustercode 618 geführt werden. Im Jahr darauf fallen die Versionen RH-K, RH-S, RHD-K und RHD-S in allen Fahrzeuglängen aus dem Programm. Dafür erhält die komplette 404-Familie, die ab sofort auch im türkischen Werk Hosdere von den Bändern rollt, 1996 ein leichtes Facelift, was an der nun geriffelten Bugblende und den großen Integral-Außenspiegeln zu erkennen ist. Mit der Einstellung der Fertigung von EURO 1-Fahrzeugen Ende 1997 endet auch die Produktion der 10-Reiher und bei den 13-Reihern ist der Achtzylinder nicht mehr als Motorisierung verfügbar. Als 1999 das Nachfolgemodell O 580 Travego vorgestellt wird, wird die Fertigung der Baureihe endgültig eingestellt.

Die Entwicklungsarbeiten für einen Nachfolger des O 303 starten bereits 1983. Es wird aber bis 1992 dauern, bis der O 404 dann endlich vorgestellt werden wird. Dieses Modell und die Entwurfszeichnungen verdeutlichen, wie sich die spätere Formgebung des O 404 langsam entwickelt hat.

**Baumuster 356**

| Typ | O 404-10 RH-A | O 404-10 RH-K | O 404-10 RH-L | O 404-10 RH-S | O 404-10 RHD-A | O 404-10 RHD-K | O 404-10 RHD-L | O 404-10 RHD-S |
|---|---|---|---|---|---|---|---|---|
| Motor | OM 401 LA | OM 401 LA | OM 401 LA | OM 401 LA | OM 401 LA | OM 401 LA | OM 401 LA | OM 401 LA |
| Zylinder | 6 | 6 | 6 | 6 | 6 | 6 | 6 | 6 |
| Hubraum in cm³ | 9570 | 9570 | 9570 | 9570 | 9570 | 9570 | 9570 | 9570 |
| Leistung in PS | 290 | 290 | 290 | 290 | 290 | 290 | 290 | 290 |
| L x B x H in mm | 9220 x 2500 x 3278 | 9220 x 2500 x 3278 | 9220 x 2500 x 3278 | 9220 x 2500 x 3278 | 9220 x 2500 x 3518 | 9220 x 2500 x 3518 | 9220 x 2500 x 3518 | 9220 x 2500 x 3518 |
| Radstand in mm | 4685 | 4685 | 4685 | 4685 | 4685 | 4685 | 4685 | 4685 |
| Bauzeit | 1994–1997 | 1992–1995 | 1992–1997 | 1992–1995 | 1994–1997 | 1992–1995 | 1992–1997 | 1992–1995 |

Auf dieser Gruppenaufnahme ist die komplette O 404-Familie vereint. Von links nach rechts sind der RH, der RHD, der SHD und der Doppeldecker DD zu sehen.

**Baumuster 356**

| Typ | O 404-13 RH-A | O 404-13 RH-A | O 404-13 RH-A | O 404-13 RH-K | O 404-13 RH-K | O 404-13 RH-K |
|---|---|---|---|---|---|---|
| Motor | OM 401 LA | OM 441 LA | OM 402 LA | OM 401 LA | OM 441 LA | OM 402 LA |
| Zylinder | 6 | 6 | 8 | 6 | 6 | 8 |
| Hubraum in cm³ | 9570 | 11309 | 12760 | 9570 | 11309 | 12760 |
| Leistung in PS | 290 | 340 | 381 | 290 | 340 | 381 |
| L x B x H in mm | 10720 x 2500 x 3278 | 10720 x 2500 x 3278 | 10720 x 2500 x 3278 | 10720 x 2500 x 3278 | 10720 x 2500 x 3278 | 10720 x 2500 x 3278 |
| Radstand in mm | 5245 | 5245 | 5245 | 5245 | 5245 | 5245 |
| Bauzeit | 1994–1997 | 1994–1997 | 1994–1997 | 1992–1995 | 1994–1995 | 1994–1995 |

**Baumuster 356**

| Typ | O 404-13 RH-L | O 404-13 RH-L | O 404-13 RH-L | O 404-13 RH-S | O 404-13 RH-S | O 404-13 RH-S |
|---|---|---|---|---|---|---|
| Motor | OM 401 LA | OM 441 LA | OM 402 LA | OM 401 LA | OM 441 LA | OM 402 LA |
| Zylinder | 6 | 6 | 8 | 6 | 6 | 8 |
| Hubraum in cm³ | 9570 | 11309 | 12760 | 9570 | 11309 | 12760 |
| Leistung in PS | 290 | 340 | 381 | 290 | 340 | 381 |
| L x B x H in mm | 10720 x 2500 x 3278 | 10720 x 2500 x 3278 | 10720 x 2500 x 3278 | 10720 x 2500 x 3278 | 10720 x 2500 x 3278 | 10720 x 2500 x 3278 |
| Radstand in mm | 5245 | 5245 | 5245 | 5245 | 5245 | 5245 |
| Bauzeit | 1992–1997 | 1992–1997 | 1994–1997 | 1992–1995 | 1992–1995 | 1994–1995 |

*Rechts:* An einem verregneten Juni-Morgen des Jahres 2010 wartet dieser O 404-10 RH der Busgesellschaft CLAP am Busbahnhof von Camaiore auf seinen nächsten Einsatz. Wie an der geriffelten Bugblende zu erkennen ist, handelt es sich um ein facegeliftetes Fahrzeug. *Foto Alexander Weber*

*Mitte links:* Einen O 404-10 RHD der ersten Bauform sehen wir auf dieser Abbildung. Das Fahrzeug ist im Vorführdesign lackiert. *Sammlung Alexander Weber*

*Mitte rechts:* Nahe dem Petersdom in Rom ist dieser O 404-10 RHD des Crown Plaza Hotels unterwegs. *Foto Alexander Weber*

*Unten links:* Einen facegelifteten O 404-10 RHD in recht eigenwilligem Vorführdesign sehen wir hier. *Sammlung Alexander Weber*

*Unten rechts:* Das Busunternehmen Persico aus der Nähe von Neapel setzt diesen facegelifteten O 404-10 RHD für Ausflugsfahrten in die ewige Stadt ein. *Foto Alexander Weber*

*Oben links:* Das nächstgrößere Modell in der O 404-Familie ist der 13-Reiher O 404-13, hier in der RHD-Version. *Sammlung Alexander Weber*

*Oben rechts:* Im Gegensatz zum Vorführwagen des Typs O 404-13 RHD auf dem vorherigen Bild besitzt dieser Wagen der ägyptischen Misr Travel einen Heck- statt eines Mitteleinstieges. *Sammlung Alexander Weber*

*Links:* Die Stuttgarter SSB nutzen 2005 einen facegelifteten O 404-13 RHD als Fahrschulwagen. *Foto Alexander Weber*

**Baumuster 356**

| Typ | O 404-13 RHD-A | O 404-13 RHD-A | O 404-13 RHD-A | O 404-13 RHD-K | O 404-13 RHD-K | O 404-13 RHD-K |
|---|---|---|---|---|---|---|
| Motor | OM 401 LA | OM 441 LA | OM 402 LA | OM 401 LA | OM 441 LA | OM 402 LA |
| Zylinder | 6 | 6 | 8 | 6 | 6 | 8 |
| Hubraum in cm³ | 9570 | 11309 | 12760 | 9570 | 11309 | 12760 |
| Leistung in PS | 290 | 340 | 381 | 290 | 340 | 381 |
| L x B x H in mm | 10720 x 2500 x 3518 | 10720 x 2500 x 3518 | 10720 x 2500 x 3518 | 10720 x 2500 x 3518 | 10720 x 2500 x 3518 | 10720 x 2500 x 3518 |
| Radstand in mm | 5245 | 5245 | 5245 | 5245 | 5245 | 5245 |
| Bauzeit | 1994–1997 | 1994–1997 | 1994–1997 | 1992–1995 | 1994–1995 | 1994–1995 |

**Baumuster 356**

| Typ | O 404-13 RHD-L | O 404-13 RHD-L | O 404-13 RHD-L | O 404-13 RHD-S | O 404-13 RHD-S | O 404-13 RHD-S |
|---|---|---|---|---|---|---|
| Motor | OM 401 LA | OM 441 LA | OM 402 LA | OM 401 LA | OM 441 LA | OM 402 LA |
| Zylinder | 6 | 6 | 8 | 6 | 6 | 8 |
| Hubraum in cm³ | 9570 | 11309 | 12760 | 9570 | 11309 | 12760 |
| Leistung in PS | 290 | 340 | 381 | 290 | 340 | 381 |
| L x B x H in mm | 10720 x 2500 x 3518 | 10720 x 2500 x 3518 | 10720 x 2500 x 3518 | 10720 x 2500 x 3518 | 10720 x 2500 x 3518 | 10720 x 2500 x 3518 |
| Radstand in mm | 5245 | 5245 | 5245 | 5245 | 5245 | 5245 |
| Bauzeit | 1992–1997 | 1992–1997 | 1994–1997 | 1992–1995 | 1992–1995 | 1994–1995 |

*Oben links:* Der O 404-15 RH ist rund 12 m lang und damit der größte Zweiachser in der O 404-Familie.

*Oben rechts:* Dieser O 404-15 RH in Überlandlinienversion dient als Vorführwagen. *Sammlung Alexander Weber*

*Rechts:* Für die Münchener Stadt-Rundfahrten entsteht 1996 ein spezieller O 404-15 RH mit Erdgasantrieb.

**Baumuster 356**

| Typ | O 404-15 RH-A | O 404-15 RH-A | O 404-15 RH-A | O 404-15 RH-K | O 404-15 RH-K | O 404-15 RH-K |
|---|---|---|---|---|---|---|
| Motor | OM 401 LA | OM 441 LA | OM 402 LA | OM 401 LA | OM 441 LA | OM 402 LA |
| Zylinder | 6 | 6 | 8 | 6 | 6 | 8 |
| Hubraum in $cm^3$ | 9570 | 11309 | 12760 | 9570 | 11309 | 12760 |
| Leistung in PS | 290 | 340 | 381 | 290 | 340 | 381 |
| L x B x H in mm | 11980 x 2500 x 3278 | 11980 x 2500 x 3278 | 11980 x 2500 x 3278 | 11980 x 2500 x 3278 | 11980 x 2500 x 3278 | 11980 x 2500 x 3278 |
| Radstand in mm | 6250 | 6250 | 6250 | 6250 | 6250 | 6250 |
| Bauzeit | 1994–1997 | 1994–1997 | 1994–1997 | 1992–1995 | 1994–1995 | 1994–1995 |

**Baumuster 356**

| Typ | O 404-15 RH-L | O 404-15 RH-L | O 404-15 RH-L | O 404-15 RH-S | O 404-15 RH-S | O 404-15 RH-S |
|---|---|---|---|---|---|---|
| Motor | OM 401 LA | OM 441 LA | OM 402 LA | OM 401 LA | OM 441 LA | OM 402 LA |
| Zylinder | 6 | 6 | 8 | 6 | 6 | 8 |
| Hubraum in $cm^3$ | 9570 | 11309 | 12760 | 9570 | 11309 | 12760 |
| Leistung in PS | 290 | 340 | 381 | 290 | 340 | 381 |
| L x B x H in mm | 11980 x 2500 x 3278 | 11980 x 2500 x 3278 | 11980 x 2500 x 3278 | 11980 x 2500 x 3278 | 11980 x 2500 x 3278 | 11980 x 2500 x 3278 |
| Radstand in mm | 6250 | 6250 | 6250 | 6250 | 6250 | 6250 |
| Bauzeit | 1992–1997 | 1992–1997 | 1992–1997 | 1992–1995 | 1992–1995 | 1992–1995 |

In der 1996er-Werbelackierung der Vorführwagen von Daimler-Benz präsentiert sich dieser facegeliftete O 404-15 RH. *Sammlung Alexander Weber*

**Baumuster 356**

| Typ | O 404-15 RHD-A | O 404-15 RHD-A | O 404-15 RHD-A | O 404-15 RHD-K | O 404-15 RHD-K | O 404-15 RHD-K |
|---|---|---|---|---|---|---|
| Motor | OM 401 LA | OM 441 LA | OM 402 LA | OM 401 LA | OM 441 LA | OM 402 LA |
| Zylinder | 6 | 6 | 8 | 6 | 6 | 8 |
| Hubraum in $cm^3$ | 9570 | 11309 | 12760 | 9570 | 11309 | 12760 |
| Leistung in PS | 290 | 340 | 381 | 290 | 340 | 381 |
| L x B x H in mm | 11980 x 2500 x 3518 | 11980 x 2500 x 3518 | 11980 x 2500 x 3518 | 11980 x 2500 x 3518 | 11980 x 2500 x 3518 | 11980 x 2500 x 3518 |
| Radstand in mm | 6250 | 6250 | 6250 | 6250 | 6250 | 6250 |
| Bauzeit | 1994–1997 | 1994–1997 | 1994–1997 | 1992–1995 | 1994–1995 | 1994–1995 |

**Baumuster 356**

| Typ | O 404-15 RHD-L | O 404-15 RHD-L | O 404-15 RHD-L | O 404-15 RHD-S | O 404-15 RHD-S | O 404-15 RHD-S |
|---|---|---|---|---|---|---|
| Motor | OM 401 LA | OM 441 LA | OM 402 LA | OM 401 LA | OM 441 LA | OM 402 LA |
| Zylinder | 6 | 6 | 8 | 6 | 6 | 8 |
| Hubraum in $cm^3$ | 9570 | 11309 | 12760 | 9570 | 11309 | 12760 |
| Leistung in PS | 290 | 340 | 381 | 290 | 340 | 381 |
| L x B x H in mm | 11980 x 2500 x 3518 | 11980 x 2500 x 3518 | 11980 x 2500 x 3518 | 11980 x 2500 x 3518 | 11980 x 2500 x 3518 | 11980 x 2500 x 3518 |
| Radstand in mm | 6250 | 6250 | 6250 | 6250 | 6250 | 6250 |
| Bauzeit | 1992–1993 | 1992–1997 | 1992–1997 | 1992–1993 | 1992–1995 | 1992–1995 |

Hier sehen wir den Prototyp des O 404-15 RHD aus dem Jahr 1991, bei dem noch einige Details der Tür- und Seitenwandgestaltung getarnt sind.
*Sammlung Alexander Weber*

Auf diesen beiden Werbeaufnahmen präsentiert sich der O 404-15 RHD in der Serienversion dem Betrachter. Wie an dem Aufkleber an der Front zu sehen ist, hat eine Fachjury den neuen Omnibus zum Bus des Jahres 1992 gewählt.
*Sammlung Alexander Weber*

Im typischen Charme der 1990er-Jahre zeigt sich der Fahrgastraum des O 404-15 RHD.
*Sammlung Alexander Weber*

Der Fahrerplatz der O 404-Familie ist übersichtlich und aufgeräumt. Auch er versprüht 90er-Jahre-Feeling.
*Pressefoto Daimler AG*

Der Motor ist beim O 404 längs im Heck platziert. Nur im 15 RHD und SHD ist der ladeluftgekühlte Achtzylinder OM 402 LA verfügbar.
*Pressefoto Daimler AG*

Die Busgesellschaft SAB in Bergamo gehört zum Arriva-Konzern. 2010 hat sie noch mehrere O 404-15 RHD der ersten Bauform im Bestand.

*Foto Alexander Weber*

Auch der Deutsche Fussballbund setzt Anfang der 1990er-Jahre einen O 404-15 RHD als Omnibus für die Nationalmannschaft ein.

*Sammlung Alexander Weber*

Dieser spezielle O 404-15 RHD ist ein Campingmobil der Luxusklasse. Im Gepäckraum zwischen den Achsen ist Platz für ein aufblasbares Motorboot und einen Golf-Buggy.

*Sammlung Alexander Weber*

Die Faceliftversion des O 404-15 RHD sehen wir auf diesen beiden Aufnahmen.
*Sammlung Alexander Weber*

Der Omnibusunternehmer Springhorn aus Soltau erhält 1997 diesen facegelifteten O 404-15 RHD.
*Sammlung Alexander Weber*

**Baumuster 356**

| | | | | | |
|---|---|---|---|---|---|
| Typ | **O 404-15 SHD-L** | **O 404-15 SHD-L** | **O 404-15 SHD-S** | **O 404-15 SHD-S** | **O 404 DD** |
| Motor | OM 441 LA | OM 402 LA | OM 441 LA | OM 402 LA | OM 442 LA |
| Zylinder | 6 | 8 | 6 | 8 | 8 |
| Hubraum in $cm^3$ | 11309 | 12760 | 11309 | 12760 | 15080 |
| Leistung in PS | 340 | 381 | 340 | 381 | 435 |
| L x B x H in mm | 11980 x 2500 x 3748 | 11980 x 2500 x 3748 | 11980 x 2500 x 3748 | 11980 x 2500 x 3748 | 12000 x 2500 x 4000 |
| Radstand in mm | 6250 | 6250 | 6250 | 6250 | 5600 + 1300 |
| Bauzeit | 1992–1997 | 1992–1997 | 1992–1995 | 1992–1995 | 1992 |
| Anmerkungen | | | | | Doppeldecker-Prototyp; auf Wunsch auch mit 503 PS |

Spitzenmodell der Baureihe ist der Superhochdecker O 404-15 SHD.

In verspielter Werbelackierung präsentiert sich dieser O 404-15 SHD, der als Vorführwagen zum Einsatz kommt.
*Sammlung Alexander Weber*

Eine luxuriöse Innenausstattung weist der O 404-15 SHD Meeting Point auf, den wir hier sehen.

Mc Laren-Mercedes nutzt einen O 404-15 SHD als Motorhome auf Rennveranstaltungen.
*Sammlung Alexander Weber*

Rote Rundumkennleuchten und Kameras auf dem Dach zeigen schon an, dass es sich bei diesen drei O 404-15 SHD um spezielle Fahrzeuge handelt. Sie gehen an das Herrscherhaus in Saudi-Arabien.
*Sammlung Alexander Weber*

**Baumuster 618**

| Typ | **O 404-10 RH-A** | **O 404-10 RH-K** | **O 404-10 RH-L** | **O 404-10 RH-S** | **O 404-10 RHD-A** | **O 404-10 RHD-K** | **O 404-10 RHD-L** | **O 404-10 RHD-S** |
|---|---|---|---|---|---|---|---|---|
| Motor | OM 401 LA | OM 401 LA | OM 401 LA | OM 401 LA | OM 401 LA | OM 401 LA | OM 401 LA | OM 401 LA |
| Zylinder | 6 | 6 | 6 | 6 | 6 | 6 | 6 | 6 |
| Hubraum in $cm^3$ | 9570 | 9570 | 9570 | 9570 | 9570 | 9570 | 9570 | 9570 |
| Leistung in PS | 290 | 290 | 290 | 290 | 290 | 290 | 290 | 290 |
| L x B x H in mm | 9220 x 2500 x 3278 | 9220 x 2500 x 3278 | 9220 x 2500 x 3278 | 9220 x 2500 x 3278 | 9220 x 2500 x 3518 | 9220 x 2500 x 3518 | 9220 x 2500 x 3518 | 9220 x 2500 x 3518 |
| Radstand in mm | 4685 | 4685 | 4685 | 4685 | 4685 | 4685 | 4685 | 4685 |
| Bauzeit | 1994–1997 | 1994–1995 | 1994–1997 | 1994–1995 | 1994–1997 | 1994–1995 | 1994–1997 | 1994–1995 |
| Anmerkungen | Motor nach EURO 2-Norm | Motor nach EURO 2-Norm | Motor nach EURO 2-Norm | Motor nach EURO 2-Norm | Motor nach EURO 2-Norm | Motor nach EURO 2-Norm | Motor nach EURO 2-Norm | Motor nach EURO 2-Norm |

**Baumuster 618**

| Typ | O 404-13 RH-A | O 404-13 RH-A | O 404-13 RH-A | O 404-13 RH-K | O 404-13 RH-K | O 404-13 RH-K |
|---|---|---|---|---|---|---|
| Motor | OM 401 LA | OM 441 LA | OM 402 LA | OM 401 LA | OM 441 LA | OM 402 LA |
| Zylinder | 6 | 6 | 8 | 6 | 6 | 8 |
| Hubraum in $cm^3$ | 9570 | 11309 | 12760 | 9570 | 11309 | 12760 |
| Leistung in PS | 290 | 340 | 381 | 290 | 340 | 381 |
| L x B x H in mm | 10720 x 2500 x 3278 | 10720 x 2500 x 3278 | 10720 x 2500 x 3278 | 10720 x 2500 x 3278 | 10720 x 2500 x 3278 | 10720 x 2500 x 3278 |
| Radstand in mm | 5245 | 5245 | 5245 | 5245 | 5245 | 5245 |
| Bauzeit | 1994–1999 | 1994–1999 | 1994–1997 | 1994–1995 | 1994–1995 | 1994–1995 |
| Anmerkungen | Motor nach EURO 2-Norm | Motor nach EURO 2-Norm | Motor nach EURO 2-Norm | Motor nach EURO 2-Norm | Motor nach EURO 2-Norm | Motor nach EURO 2-Norm |

Hier sehen wir einen der O 404-15 SHD für Saudi-Arabien, bei dem der Fotograf auch die exklusive Innenraumgestaltung dokumentiert hat.
*Sammlung Alexander Weber*

Mit einer aktiven Fahrwerksfederung ist der Facelift-O 404-15 SHD „Innovisia" ausgestattet, worauf auch seine auffällige Werbelakkierung mehr als deutlich hinweist.
*Sammlung Alexander Weber*

1997 erhält der Deutsche Fussballbund diesen O 404-15 SHD als neuen Mannschaftsomnibus für die Nationalmannschaft.

Auch die Profis der ersten Mannschaft des VfB Stuttgart sind Ende der 1990er-Jahre mit einem O 404-15 SHD unterwegs.

Der Doppeldecker O 404 DD präsentiert sich hier dem Fotografen. Eine Krise am Reiseomnibusmarkt Anfang der 1990er-Jahre wird aber dazu führen, dass es zu keiner Serienfertigung kommt.
*Sammlung Alexander Weber*

Als Antriebsaggregat dient dem O 404 DD der Achtzylinder OM 442 LA.

Ursprünglich ist geplant, den O 404 auch als Überlandlinienomnibus anzubieten. Diese Version wird aber ebenso wenig realisiert werden …

… wie der Superhochdecker als Dreiachser, der ebenfalls angedacht war.

Stattdessen bietet Daimler-Benz ein Dreiachs-Fahrwerk des O 404 für externe Karosseriebauer an.
*Sammlung Alexander Weber*

Auf seiner Basis entsteht unter anderem dieser Rotel-Omnibus.
*Sammlung Alexander Weber*

**Baumuster 618**

| Typ | O 404-13 RH-L | O 404-13 RH-L | O 404-13 RH-L | O 404-13 RH-S | O 404-13 RH-S | O 404-13 RH-S |
|---|---|---|---|---|---|---|
| Motor | OM 401 LA | OM 441 LA | OM 402 LA | OM 401 LA | OM 441 LA | OM 402 LA |
| Zylinder | 6 | 6 | 8 | 6 | 6 | 8 |
| Hubraum in $cm^3$ | 9570 | 11309 | 12760 | 9570 | 11309 | 12760 |
| Leistung in PS | 290 | 340 | 381 | 290 | 340 | 381 |
| L x B x H in mm | 10720 x 2500 x 3278 | 10720 x 2500 x 3278 | 10720 x 2500 x 3278 | 10720 x 2500 x 3278 | 10720 x 2500 x 3278 | 10720 x 2500 x 3278 |
| Radstand in mm | 5245 | 5245 | 5245 | 5245 | 5245 | 5245 |
| Bauzeit | 1994–1999 | 1994–1999 | 1994–1997 | 1994–1995 | 1994–1995 | 1994–1995 |
| Anmerkungen | Motor nach EURO 2-Norm | Motor nach EURO 2-Norm | Motor nach EURO 2-Norm | Motor nach EURO 2-Norm | Motor nach EURO 2-Norm | Motor nach EURO 2-Norm |

**Baumuster 618**

| | | | | | | |
|---|---|---|---|---|---|---|
| Typ | O 404-13 RHD-A | O 404-13 RHD-A | O 404-13 RHD-A | O 404-13 RHD-K | O 404-13 RHD-K | O 404-13 RHD-K |
| Motor | OM 401 LA | OM 441 LA | OM 402 LA | OM 401 LA | OM 441 LA | OM 402 LA |
| Zylinder | 6 | 6 | 8 | 6 | 6 | 8 |
| Hubraum in $cm^3$ | 9570 | 11309 | 12760 | 9570 | 11309 | 12760 |
| Leistung in PS | 290 | 340 | 381 | 290 | 340 | 381 |
| L x B x H in mm | 10720 x 2500 x 3518 | 10720 x 2500 x 3518 | 10720 x 2500 x 3518 | 10720 x 2500 x 3518 | 10720 x 2500 x 3518 | 10720 x 2500 x 3518 |
| Radstand in mm | 5245 | 5245 | 5245 | 5245 | 5245 | 5245 |
| Bauzeit | 1994–1999 | 1994–1999 | 1994–1997 | 1994–1995 | 1994–1995 | 1994–1995 |
| Anmerkungen | Motor nach EURO 2-Norm | Motor nach EURO 2-Norm | Motor nach EURO 2-Norm | Motor nach EURO 2-Norm | Motor nach EURO 2-Norm | Motor nach EURO 2-Norm |

Ernst Auwärter nutzt das Dreiachs-Fahrwerk für seinen Eurostar SHD-L.
*Werksfoto E. Auwärter – Sammlung Alexander Weber*

1995 erhält Kings Tours zehn dieser dreiachsigen O 404 mit Majestic-Karosserien des australischen Herstellers Denning. *Sammlung Greg Travers*

Einen Coach Design-Aufbau hat dagegen dieser O 404.
*Sammlung Greg Travers*

Ein weiteres Beispiel für einen O 404-Dreiachser mit australischem Aufbau sehen wir hier. Die Karosserie stammt wiederum von Coach Design.
*Sammlung Greg Travers*

**Baumuster 618**

| Typ | O 404-13 RHD-L | O 404-13 RHD-L | O 404-13 RHD-L | O 404-13 RHD-S | O 404-13 RHD-S | O 404-13 RHD-S |
|---|---|---|---|---|---|---|
| Motor | OM 401 LA | OM 441 LA | OM 402 LA | OM 401 LA | OM 441 LA | OM 402 LA |
| Zylinder | 6 | 6 | 8 | 6 | 6 | 8 |
| Hubraum in $cm^3$ | 9570 | 11309 | 12760 | 9570 | 11309 | 12760 |
| Leistung in PS | 290 | 340 | 381 | 290 | 340 | 381 |
| L x B x H in mm | 10720 x 2500 x 3518 | 10720 x 2500 x 3518 | 10720 x 2500 x 3518 | 10720 x 2500 x 3518 | 10720 x 2500 x 3518 | 10720 x 2500 x 3518 |
| Radstand in mm | 5245 | 5245 | 5245 | 5245 | 5245 | 5245 |
| Bauzeit | 1994–1999 | 1994–1999 | 1994–1997 | 1994–1995 | 1994–1995 | 1994–1995 |
| Anmerkungen | Motor nach EURO 2-Norm | Motor nach EURO 2-Norm | Motor nach EURO 2-Norm | Motor nach EURO 2-Norm | Motor nach EURO 2-Norm | Motor nach EURO 2-Norm |

Merkavim hat diesen O 404-15 der Busgesellschaft Egged eingekleidet.
*Foto Alon Siton*

Auch dieser O 404-15 ist für die israelische Busgesellschaft Egged unterwegs. Seine Karosserie stammt allerdings von Haargaz. *Foto Alon Siton*

MX2 nennt Padane seine Karosserie für Reiseomnibusse auf dem O 404-15-Fahrwerk. *Foto Alessandro Zanotti*

Padane bietet auch einen Überlandlinienaufbau für den O 404-15 an. Dieser trägt die Typenbezeichung IS. *Foto Alessandro Zanotti*

**Baumuster 618**

| Typ | O 404-15 RH-A | O 404-15 RH-A | O 404-15 RH-A | O 404-15 RH-K | O 404-15 RH-K | O 404-15 RH-K |
|---|---|---|---|---|---|---|
| Motor | OM 401 LA | OM 441 LA | OM 402 LA | OM 401 LA | OM 441 LA | OM 402 LA |
| Zylinder | 6 | 6 | 8 | 6 | 6 | 8 |
| Hubraum in $cm^3$ | 9570 | 11309 | 12760 | 9570 | 11309 | 12760 |
| Leistung in PS | 290 | 340 | 381 | 290 | 340 | 381 |
| L x B x H in mm | 11980 x 2500 x 3278 | 11980 x 2500 x 3278 | 11980 x 2500 x 3278 | 11980 x 2500 x 3278 | 11980 x 2500 x 3278 | 11980 x 2500 x 3278 |
| Radstand in mm | 6250 | 6250 | 6250 | 6250 | 6250 | 6250 |
| Bauzeit | 1994–1999 | 1994–1999 | 1994–1999 | 1994–1995 | 1994–1995 | 1994–1995 |
| Anmerkungen | Motor nach EURO 2-Norm | Motor nach EURO 2-Norm | Motor nach EURO 2-Norm | Motor nach EURO 2-Norm | Motor nach EURO 2-Norm | Motor nach EURO 2-Norm |

**Baumuster 618**

| Typ | O 404-15 RH-L | O 404-15 RH-L | O 404-15 RH-L | O 404-15 RH-S | O 404-15 RH-S | O 404-15 RH-S |
|---|---|---|---|---|---|---|
| Motor | OM 401 LA | OM 441 LA | OM 402 LA | OM 401 LA | OM 441 LA | OM 402 LA |
| Zylinder | 6 | 6 | 8 | 6 | 6 | 8 |
| Hubraum in $cm^3$ | 9570 | 11309 | 12760 | 9570 | 11309 | 12760 |
| Leistung in PS | 290 | 340 | 381 | 290 | 340 | 381 |
| L x B x H in mm | 11980 x 2500 x 3278 | 11980 x 2500 x 3278 | 11980 x 2500 x 3278 | 11980 x 2500 x 3278 | 11980 x 2500 x 3278 | 11980 x 2500 x 3278 |
| Radstand in mm | 6250 | 6250 | 6250 | 6250 | 6250 | 6250 |
| Bauzeit | 1994–1999 | 1994–1999 | 1994–1999 | 1994–1995 | 1994–1995 | 1994–1995 |
| Anmerkungen | Motor nach EURO 2-Norm | Motor nach EURO 2-Norm | Motor nach EURO 2-Norm | Motor nach EURO 2-Norm | Motor nach EURO 2-Norm | Motor nach EURO 2-Norm |

*Oben links:* Die Firma Sitcar ist eigentlich sonst eher auf Minibusse spezialisiert. Mit dem Modell King auf Basis des O 404-10 wagt man sich in den 1990er-Jahren auch in den Markt der Reiseomnibusse. *Foto Alessandro Zanotti*

*Oben rechts:* Dalla Via aus Schio setzt auf das O 404-15-Fahrwerk seine Palladio-Karosserie. *Foto Alessandro Zanotti*

*Links:* Recht konservativ gestaltet präsentiert sich der Karosserieentwurf von Sunsundegui für das O 404-15-Fahrwerk. *Foto Alessandro Zanotti*

**Baumuster 618**

| Typ | O 404-15 RHD-A | O 404-15 RHD-A | O 404-15 RHD-A | O 404-15 RHD-K | O 404-15 RHD-K | O 404-15 RHD-K |
|---|---|---|---|---|---|---|
| Motor | OM 401 LA | OM 441 LA | OM 402 LA | OM 401 LA | OM 441 LA | OM 402 LA |
| Zylinder | 6 | 6 | 8 | 6 | 6 | 8 |
| Hubraum in cm$^3$ | 9570 | 11309 | 12760 | 9570 | 11309 | 12760 |
| Leistung in PS | 290 | 340 | 381 | 290 | 340 | 381 |
| L x B x H in mm | 11980 x 2500 x 3518 | 11980 x 2500 x 3518 | 11980 x 2500 x 3518 | 11980 x 2500 x 3518 | 11980 x 2500 x 3518 | 11980 x 2500 x 3518 |
| Radstand in mm | 6250 | 6250 | 6250 | 6250 | 6250 | 6250 |
| Bauzeit | 1994–1999 | 1994–1999 | 1994–1999 | 1994–1995 | 1994–1995 | 1994–1995 |
| Anmerkungen | Motor nach EURO 2-Norm | Motor nach EURO 2-Norm | Motor nach EURO 2-Norm | Motor nach EURO 2-Norm | Motor nach EURO 2-Norm | Motor nach EURO 2-Norm |

*Links:* Die SAF in Udine hat einige O 404-10 mit Tiziano-Aufbauten von Dalla Via in ihrem Fuhrpark. *Foto Alessandro Zanotti*

*Mitte links:* Hier sehen wir einen O 404-15 mit Noge Touring-Aufbau, den die Firma Genco im Überlandliniendienst einsetzt. *Foto Alessandro Zanotti*

*Mitte rechts:* Der spanische Aufbauhersteller Beulas nutzt den O 404-15 als Basis für sein Modell Stergo E. *Werksfoto Beulas – Sammlung Alexander Weber*

*Unten links:* Von Avtomontaza stammt der Aufbau dieses O 404-15. *Foto Alessandro Zanotti*

*Unten rechts:* Auf dieser Aufnahme ist ein O 404-15 mit Coach Design-Aufbau zu sehen. *Sammlung Greg Travers*

Harsch Reisen aus Reutlingen hat sich für einen O 404-15 mit einem Eurostar SHD-Aufbau von E. Auwärter entschieden.

*Werksfoto E. Auwärter – Sammlung Alexander Weber*

**Baumuster 618**

| Typ | O 404-15 RHD-L | O 404-15 RHD-L | O 404-15 RHD-S | O 404-15 RHD-S |
|---|---|---|---|---|
| Motor | OM 441 LA | OM 402 LA | OM 441 LA | OM 402 LA |
| Zylinder | 6 | 8 | 6 | 8 |
| Hubraum in cm³ | 11309 | 12760 | 11309 | 12760 |
| Leistung in PS | 340 | 381 | 340 | 381 |
| L x B x H in mm | 11980 x 2500 x 3518 | 11980 x 2500 x 3518 | 11980 x 2500 x 3518 | 11980 x 2500 x 3518 |
| Radstand in mm | 6250 | 6250 | 6250 | 6250 |
| Bauzeit | 1994–1999 | 1994–1999 | 1994–1995 | 1994–1995 |
| Anmerkungen | Motor nach EURO 2-Norm | Motor nach EURO 2-Norm | Motor nach EURO 2-Norm | Motor nach EURO 2-Norm |

**Baumuster 618**

| Typ | O 404-15 SHD-L | O 404-15 SHD-L | O 404-15 SHD-S | O 404-15 SHD-S |
|---|---|---|---|---|
| Motor | OM 441 LA | OM 402 LA | OM 441 LA | OM 402 LA |
| Zylinder | 6 | 8 | 6 | 8 |
| Hubraum in cm³ | 11309 | 12760 | 11309 | 12760 |
| Leistung in PS | 340 | 381 | 340 | 381 |
| L x B x H in mm | 11980 x 2500 x 3748 | 11980 x 2500 x 3748 | 11980 x 2500 x 3748 | 11980 x 2500 x 3748 |
| Radstand in mm | 6250 | 6250 | 6250 | 6250 |
| Bauzeit | 1994–1999 | 1994–1999 | 1994–1995 | 1994–1995 |
| Anmerkungen | Motor nach EURO 2-Norm | Motor nach EURO 2-Norm | Motor nach EURO 2-Norm | Motor nach EURO 2-Norm |

# O 350 Tourismo (Baumuster 613)

## Der günstige Bruder des O 404

Als 1992 die Produktion des O 404 in Mannheim startet, macht man sich bei der Mercedes-Benz Türk S.A. daran, auf Basis der Bodengruppe des 404ers wieder einen preiswerten Mittelklasse-Reiseomnibus zu entwickeln. Dieser hat 1994 in Form des O 350, der in der Türkei und verschiedenen anderen südosteuropäischen Exportmärkten unter der Typenbezeichnung O 403 vermarktet wird und für die westeuropäischen Märkte zusätzlich zur schlichten Typennummer erstmals auch einen Verkaufsnamen, nämlich Tourismo, besitzt, seine Premiere. Er basiert auf dem praktisch unveränderten Fahrwerk des O 404-15R mit seiner vorderen Einzelradaufhängung und der Hypoid-Antriebsachse. Als Antriebsquelle dient ihm wahl-

Auf Basis des O 404 entwickelt die Mercedes-Benz Türk S.A. den O 350 als kostengünstige Alternative zum Topmodell. *Pressefoto Daimler AG*

Der Fahrgastraum des O 350, der zusätzlich noch den Verkaufsnamen Tourismo erhält, zeigt sich gegenüber dem O 404 deutlich einfacher gestaltet. *Pressefoto Daimler AG*

Auch der Fahrerplatz fällt im O 350 im Vergleich zum O 404 sichtbar spartanischer aus. *Pressefoto Daimler AG*

Trotzdem entscheiden sich nicht wenige Kunden wie hier die Firma Strassen für den günstigen Mittelklasse-Omnibus.
*Sammlung Alexander Weber*

weise das EURO 1-Triebwerk OM 402 LA oder der OM 442 LA nach EURO 2-Norm, die mittels angeflanschtem MB GO-Sechsgang-Getriebe mit Membranfederkupplung die Kraft auf die Hinterachse übertragen. Federung und Bremssystem sind ebenfalls aus dem O 404 übernommen, wobei man beim O 350 serienmäßig auf Scheibenbremsen setzt. Beim Karosseriedesign geht der O 350 allerdings ganz eigene Wege und grenzt sich optisch bewusst vom O 404 ab, auch wenn das Karosseriegrundgerippe in weiten Teilen wiederum von ihm übernommen wurde. Ursprünglich ist geplant, den O 350 in drei Aufbauhöhen als Überland- und Reiseomnibus und Superhochdecker zu bauen, allerdings wird auf die Überlandversion am Ende verzichtet, so dass der O 350 nur in zwei Bauformen an den Start geht. Ende 1997 fallen auf dem deutschen Markt die Versionen mit EURO 1-Motor aus dem Programm und im Jahr 2000 erhält die Baureihe ein umfassendes Facelift, bei der Front und Heck gründlich überarbeitet werden. Ab 2002 ist der O 350 dann auch mit EURO 3-Triebwerken des Typs OM 457 LA erhältlich, die ab 2005 die einzig verfügbare Motorisierung auf dem deutschen Markt darstellen. In dieser Ausführung bleibt der O 350 noch bis 2006 im Programm, als ihn die zweite Tourismo-Generation ablöst.

| Typ | O 350 RHD | O 350 RHD | O 350 RHD | O 350 SHD | O 350 SHD | O 350 SHD |
|---|---|---|---|---|---|---|
| Motor | OM 402 LA | OM 442 LA | OM 457 LA | OM 402 LA | OM 442 LA | OM 457 LA |
| Zylinder | 8 | 8 | 8 | 8 | 8 | 8 |
| Hubraum in $cm^3$ | 12760 | 12760 | 11980 | 12760 | 12760 | 11980 |
| Leistung in PS | 381 | 381 | 442 | 381 | 381 | 442 |
| L x B x H in mm | 11980 x 2500 x 3647 | 11980 x 2500 x 3647 | 11980 x 2500 x 3647 | 11980 x 2500 x 3877 | 11980 x 2500 x 3877 | 11980 x 2500 x 3877 |
| Radstand in mm | 6250 | 6250 | 6250 | 6250 | 6250 | 6250 |
| Bauzeit | 1994–1997 | 1994–2004 | 2002–2006 | 1994–1997 | 1994–2004 | 2002–2006 |
| Anmerkungen | | Motor nach EURO 2-Norm | Motor nach EURO 3-Norm | | Motor nach EURO 2-Norm | Motor nach EURO 3-Norm |

Eine ganze Flotte von O 350 Tourismo der österreichischen Bundesbus hat der Fotograf hier vor dem Flughafen Wien verewigt. *Pressefoto Daimler AG*

Im Jahr 2000 erfährt der O 350 Tourismo ein umfassendes Facelift, bei dem Front und Heck gründlich überarbeitet werden, was auf diesen beiden Aufnahmen eines Vorführwagens gut zu erkennen ist. Das Bild oben rechts zeigt den EURO 3-Diesel OM 457 LA, der ab 2002 im Heck des O 350 Tourismo arbeitet.

*Pressefotos Daimler AG*

*Links:* Hier sehen wir einen Facelift-O 350 Tourismo des Reisebüros Wissmüller vor der Messe in Karlsruhe.

*Foto Alexander Weber*

*Rechts:* Neben dem normalen O 350 Tourismo in RHD-Bauweise gibt es die Baureihe auch als Superhochdecker.

*Pressefoto Daimler AG*

*Links:* Auch der O 350 SHD erfährt 2000 ein umfassendes Facelift.

*Sammlung Alexander Weber*

*Rechts:* Vor malerischer Kulisse hat der Fotograf diesen O 350 SHD festgehalten.

*Pressefoto Daimler AG*

# O 550 Integro (Baumuster 627)

## Das erste Modell aus dem gemeinsamen EvoBus-Baukasten von Mercedes-Benz und Setra

Auf der IAA 1996 präsentiert die Marke Mercedes-Benz den Nachfolger des Überlandlinienomnibusses O 408. Manch ein Besucher der Messe wird beim Betrachten des neuen O 550 Integro ein Déjà-vu haben, ähnelt er doch frappierend dem zwei Jahre zuvor vorgestellten Setra S 315 UL. Dies ist auch wenig verwunderlich, denn von diesem hat er nicht nur die komplette Bodengruppe, sondern auch das Aufbaugerippe übernommen und rollt auch zusammen mit ihm in Neu-Ulm von den Bändern, ist doch die Marke Setra seit 1995 mit der Omnibussparte der Mercedes-Benz AG unter dem Dach der EvoBus GmbH vereint, die neue Fahrzeuge nun aus einem gemeinsamen Baukasten entwickelt. Der Integro kann daher mit Reiseomnibuskomfort in Form einer vorderen Einzelradaufhängung mit doppelten Dreieckslenkern und zwei Federbälgen mit Stabilisatoren und einer ZF-Hydrolenkung punkten. Als Hinterachse kommt die bekannte Hypoidachse zum Einbau, die durch Längsträger und Dreieckslenker geführt und mittels vier Federbälgen und vier Teleskopstoßdämpfern gefedert wird. Auf sie überträgt ein ladeluftgekühlter OM 447 hLA, der in zwei Leistungsstufen verfügbar ist, mittels Einscheibentrockenkupplung und MB GO-Sechsganggetriebe seine Kraft. Auf Wunsch ist auch ein Automatikgetriebe mit integriertem Retarder verfügbar. Sicher zum Stehen bringt den Integro ein Zweikreis-Druckluftbremssystem mit Scheibenbremsen an der Vorder- und Trommelbremsen an der Hinterachse. ABS und ASR sind serienmäßig vorhanden. Zu Beginn ist der Integro nur in einer 12-m-Version mit einfachem oder doppelt breitem Mitteleinsteig zu haben. Ab 1998 ergänzen der dreiachsige Integro L mit RAS-Nachlauf-Achslenkung für die dritte Achse und der Integro H mit Hochboden, vergrößerten Kofferräumen und stärkeren Sechs- bzw. Achtzylindermotoren das Angebot weiter. Beide sind nun mit Scheibenbremsen an allen Rädern ausgestattet, die ab sofort auch beim normalen Integro zum Einbau kommen. 2001 stellt Mercedes-Benz die komplette Integro-Familie auf EURO 3-Triebwerke des Typs OM 457 hLA um und ergänzt das Angebot im Jahr darauf noch um den 13-m-Wagen Integro M. In dieser Form bleibt der Integro der ersten Serie noch bis Anfang 2006 im Angebot, als ihn die neue Integro-Generation ablöst.

Zur IAA 1996 präsentiert Daimler-Benz mit dem O 550 Integro den Nachfolger des O 408. Das Fahrzeug ist dabei keine komplette Neukonstruktion, sondern basiert auf dem Setra S 315 UL, von dem der O 550 Bodengruppe und Aufbaugerippe übernimmt.
*Sammlung Alexander Weber*

Die Rhein-Neckar-Verkehr GmbH nutzt diesen O 550 Integro als Fahrschulwagen. *Foto Alexander Weber*

An einem sonnigem Mai-Mittag des Jahres 2011 passiert ein O 550 Integro der Busgesellschaft TEMPI den Palazzo Farnese in Piacenza.
*Foto Alexander Weber*

1998 kommt zusätzlich noch der Dreiachser O 550 Integro L ins Programm.
*Pressefoto Daimler AG*

Der O 550 Integro L ist rund 15 m lang. *Pressfoto Daimler AG*

Hier macht sich ein O 550 Integro L der SAF in Udine für seinen nächsten Einsatz bereit. *Foto Alexander Weber*

Zwischen dem normalen Integro und dem Integro L ist der Integro M angesiedelt. *Pressefoto Daimler AG*

Der rund 13 m lange Omnibus kommt 2002 als weitere Ergänzung des Programms heraus. *Pressefoto Daimler AG*

Der O 550 Integro H besitzt einen Hochboden und vergrößerte Kofferräume, womit er sich als Kombiomnibus eignet. *Pressefoto Daimler AG*

| Typ | O 550 Integro | O 550 Integro | O 550 Integro L | O 550 IntegroL | O 550 Integro H | O 550 Integro H | O 550 Integro H | O 550 Integro M |
|---|---|---|---|---|---|---|---|---|
| Motor | OM 447 hLA | OM 457 hLA | OM 447 hLA | OM 457 hLA | OM 441 LA | OM 442 LA | OM 457 hLA | OM 457 hLA |
| Zylinder | 6 | 6 | 6 | 6 | 6 | 8 | 6 | 6 |
| Hubraum in $cm^3$ | 11967 | 11967 | 11967 | 11967 | 11309 | 12760 | 11967 | 11967 |
| Leistung in PS | 250 oder 299 | 250 oder 299 oder 350 | 250 oder 299 oder 350 | 250 oder 299 oder 350 oder 408 | 290 | 381 | 299 oder 350 oder 408 | 250 oder 299 oder 350 |
| L x B x H in mm | 12000 x 2500 x 3225 | 12000 x 2500 x 3225 | 14950 x 2500 x 3285 | 14950 x 2500 x 3285 | 12000 x 2500 x 3285 | 12000 x 2500 x 3285 | 12000 x 2500 x 3285 | 12870 x 2500 x 3225 |
| Radstand in mm | 6080 | 6080 | 6950 + 1600 | 6950 + 1600 | 6080 | 6080 | 6080 | 6950 |
| Bauzeit | 1996–2001 | 2001–2006 | 1998–2001 | 2001–2006 | 1998–2001 | 1998–2001 | 2001–2006 | 2002–2006 |
| Anmerkungen | Motor nach EURO 2-Norm | Motor nach EURO 3-Norm | Motor nach EURO 2-Norm | Motor nach EURO 3-Norm | Motor nach EURO 2-Norm | Motor nach EURO 2-Norm | Motor nach EURO 3-Norm | Motor nach EURO 3-Norm |

Die Feuerwehr in Hamburg nutzt einen Integro H als Einsatzleitwagen.

Auch dieses Blutspendemobil des DRK-Blutspendedienstes West basiert auf einem O 550 Integro H. *Pressefoto Daimler Truck AG*

# O 530 Citaro (Baumuster 628)

## Die dritte Niederflurlinienomnibus-Generation

Pünktlich zum UITP-Kongress 1997 kann der erste Vertreter der dritten Niederflurgeneration von Mercedes-Benz vorgestellt werden. Der unter dem Projektnamen N 3 geführte Omnibus erhält die Typenbezeichnung O 530 Citaro und wird zunächst als 12-m-Solowagen präsentiert. Der Citaro ist eine komplette Neukonstruktion, was man schon an seinem Karosseriegrundgerippe erkennt, das in Spantenbauweise gehalten ist. Hierbei werden die Dachspriegel, Fenstersäulen und Querträger mit Hilfe von Pressteilen zu geschlossenen Ringspanten verschweißt. Diese wiederum werden untereinander längs durch zwei Dachrand- und Saumwinkelprofile miteinander verbunden. Der Bodenrahmen hat einen völlig ebenen Unterboden und ist in Segmente unterteilt. Das Gerippe ist dabei so stark dimensioniert, dass auf den Motorschluss-Querträger verzichtet werden kann. Der komplette Wagenkörper, der einen KTL-Korrosionsschutz besitzt, ist modular konzipiert, so dass durch das Hinzufügen oder Weglassen einzelner Segmente verschiedene Längen und Türanordnungen realisiert werden können. Den Antriebsstrang des 12-m-Wagens bildet der liegend, links im Heck eingebaute, neu entwickelte Sechszylinder OM 906 hLA. Auf Wunsch ist aber auch der bewährte OM 457 hLA in zwei Leistungsstufen verfügbar. Kombiniert werden diese Motoren mit Automatikgetrieben von ZF mit fünf oder Voith mit drei oder vier Gängen. Vom Getriebe führt ein kurzer Wellenstrang zu der von der ZF ebenfalls neu entwickelten Niederflur-Portalhinterachse mit nach links verlegtem Achsantrieb. Die Vorderachse ist dagegen eine klassische, gekröpfte Faustachse, die durch vier Längs- und einen Querlenker geführt wird. Auf Wunsch können die Achsen statt mit der normalen Luftfederung auch mit einer Komfortfederung, Stabilisatoren oder der elektronischen Niveauregulierung ENR versehen werden. An allen Rädern sind Scheibenbremsen vorhanden, die über das elektronische Bremssystem EBS angesteuert werden. ABS ist serienmäßig vorhanden, ASR kann auf Wunsch eingebaut werden. Auch bei der Elektrik geht man neue Wege, kommt doch im Citaro erstmals das neue FPS-Elektroniksystem zur Anwendung, das auf der CAN-Datenbus-Technologie basiert. Äußerlich präsentiert sich der Citaro in einem schnörkellosen, glattflächigen Design mit großen Fensterflächen. Der Innenraum ist konsequent niederflurig, bis zur hinteren Achse, wo der Boden dann sanft bis zum Heck ansteigt. In diesem Bereich sind die Sitze auch auf Podesten angeordnet, um unter ihnen den Antriebsstrang platzieren zu können.

Die Auslieferung der ersten Citaro startet 1998. Im Laufe des Jahres gesellen sich dann zum 12-m-Linienwagen noch der 12-m-Überlandomnibus Citaro Ü mit einfach breiter Vordertüre, die Dreiachser Citaro L und LÜ mit zwangsgelenkter Faust-Nachlaufachse und die 18-m-Gelenkwagen Citaro G und GÜ. Im Jahr darauf ist der 12-m-Linienwagen auch mit einem stehend eingebauten Turmmotor des Typs OM 906 LA zu haben, wodurch Podeste auf der rechten Seite und der ansteigende Wagenboden im Heckbereich entfallen können, welche sich gerade bei der dreitürigen Version des Citaro als nachteilig erwiesen haben. Ab 2000 ergänzen der Citaro CNG und Citaro G CNG mit verstärkter Dachstruktur wegen der dort platzierten Gastanks das Programm weiter. Bei ihnen arbeitet im Heck der Erdgasmotor M 447 hLAG, der im 12-m-Wagen 250 PS, im Gelenkomnibus dagegen 330 PS aus 11967 mm Hubraum schöpft. Im Laufe des Jahres 2001 stellt DaimlerChrysler dann das Motorensortiment von EURO 2- auf EURO 3-Triebwerke um und bietet in diesem Zuge nun auch den Citaro G in einer Variante mit stehendem Turmmotor an. Gleichzeitig laufen intensive Arbeiten zur Vorstellung des Citaro BZ. Dieser Brennstoffzellenomnibus, der eine Weiterentwicklung des NEBUS ist, wird ab 2002 mit 36 in Kleinserie hergestellten Fahrzeugen in verschiedenen Großstädten wie Hamburg, London, Madrid, Perth oder Peking die Alltagstauglichkeit des Brennstoffzellenantriebs unter Beweis stellen. Der Citaro BZ, der auf einem dreitürigen Citaro mit Turmmotor basiert, hat auf dem Dach Wasserstofftanks sowie die von der DaimerChrysler-Tochter Xcellsis entwickelte Brennstoffzellen-Einheit. Diese liefert den Strom für den im Heck untergebrachten Asynchron-Elektromotor, der über ein Getriebe und eine Gelenkwelle die Portalhinterachse antreibt.

Wie jeder neue Omnibus zu Beginn der Produktion weist auch der Citaro einige Kinderkrankheiten auf, die aber recht schnell behoben werden können, so dass sich die dritte Niederflurgeneration bald zu einem Verkaufsschlager entwickelt. 2002 spendiert man der Modellfamilie daher ein leichtes Facelift, bei dem die seitliche Fensterlinie am Heck nun gerade verläuft und nicht mehr einen Knick hoch zur Heckscheibe macht. Zugleich wird der Lufteintritt für den Kühler vergrößert und der Wechsel von der Faustachse zu einer

Die dritte Generation von Niederfluromnibussen der Marke Mercedes-Benz trägt die Typenbezeichnung O 530 und den Markennamen Citaro. Hier sehen wir einen Prototyp bei der Erprobung auf der Schlechtwegstrecke.

*Pressefoto Daimler AG*

Seine Premiere hat der Citaro auf dem UITP-Kongress des Jahres 1997. Er ist eine komplette Neuentwicklung, weshalb er sich schon optisch deutlich von seinen Vorgängern unterscheidet. *Pressefoto Daimler AG*

Der Fahrgastraum des Citaro präsentiert sich konsequent niederflurig und steigt lediglich im Heckbereich sanft an. *Pressefoto Daimler AG*

Übersichtlich und aufgeräumt ist der Arbeitsplatz für den Fahrer gestaltet. *Pressefoto Daimler AG*

Einer der ersten Serien-Citaro verlässt das Werk Mannheim, was man natürlich fotografisch festgehalten hat. *Sammlung Alexander Weber*

Der erste Großkunde für den Citaro ist die Hamburger Hochbahn. *Pressefoto Daimler AG*

vorderen Einzelradaufhängung sorgt für deutlich verbesserten Fahrkomfort. Im Jahr darauf startet die Fertigung des auf 13 m Länge gestreckten Überlandwagens Citaro MÜ, bevor es im Laufe des Jahres 2005 den Citaro erstmals auch mit Motoren nach EURO 4/5-Norm gibt. Zudem erweitert sich das Programm wieder einmal. Das Low Entry-Modell Citaro LE, das es auch in der Überlandversion LE Ü und als 13 m langen LE MÜ gibt, kommt hinzu. Der LE weist dabei nicht nur ein überarbeitetes Karosseriedesign mit einer gerundeten Bugblende, neuen Scheinwerfer-Blinker-Einheiten und einem an den Travego angepassten Heck mit neuen Mehrkammerrückleuchten auf. Da er als Hinterachse die gerade Hypoidachse des Travego verwendet, ist der Fahrzeugboden in diesem Bereich deutlich höher als im Niederflurbereich vor der Hinterachse und dementsprechend von diesem nur über zwei Stufen zu erreichen. Um auch im Heckbereich genügend Innenraumhöhe zur gewährleisten, weist der Citaro LE daher dort einen charakteristischen Höcker im Dach auf. Zudem verwendet er stehend eingebaute Triebwerke.

Das neue Design, das mit dem Citaro LE eingeführt wurde, übernehmen 2006 auch alle anderen Vertreter der Citaro-Familie. Gleichzeitig fallen die EURO 3-Motoren aus dem Programm und alle Fahrzeuge weisen nun dank BlueTec-Technik Motoren auf, die die Abgasnormen EURO 4/5 bzw. bereits auch EEV erfüllen. Gleichzeitig mit diesem großen Facelift erweitert DaimlerChrysler auch die Modellpalette wieder einmal. In Form des Citaro K gibt es den Linienomnibus nun auch in einer auf 10 m geschrumpften Version, der als Midi-Linienomnibus die Lücke füllt, die nach der Einstellung des Cito entstanden ist. Im Jahr darauf kann man den Citaro G BlueTec-Hybrid vorstellen, der ab 2008 zu den Kunden gelangt. Bei diesem Gelenkwagen arbeitet im Heck ein kompakter Vierzylinder des Typs OM 924 LA, welcher einen Generator antreibt. Dieser speist wiederum die auf dem Dach des Vorderwagens untergebrachte Lithium-Ionen-Batterie, die ihrerseits die vier Fahrmotoren in den Radnaben der beiden Portalachsen dann mit dem nötigen Strom versorgt, um den Omnibus in Bewegung zu setzen. Auf ein recht ähnliches Antriebssystem setzt auch der Solowagen Citaro FuelCELL-Hybrid, der 2009 vorgestellt wird. Allerdings übernimmt bei ihm eine Brennstoffzelle die Versorgung der Batterie mit Strom. Wie auch schon der Citaro BZ wird auch der Citaro FuelCELL-Hybrid nur in einer Kleinserie gefertigt, die in verschiedenen Städten im Alltagseinsatz erprobt wird. Das übrige Angebot der Citaro-Familie bleibt bis zur Vorstellung des komplett überarbeiteten Citaro C 2 im Jahr 2011 unverändert in Fertigung und wird dann nach und nach von diesem abgelöst.

Die Firma Legner, die den Linienverkehr in der Stadt Limburg betreibt, ordert 1998 den Citaro bei DaimlerChrysler. *Sammlung Alexander Weber*

Die Verkehrsbetriebe im schweizerischen Biel haben sich für die dreitürige Version des Citaro entschieden. *Sammlung Alexander Weber*

Auch die Verkehrsbetriebe Zürichsee und Oberland AG setzen auf den dreitürigen Citaro. Dieser hat zudem die Überlandfront.
*Foto Alexander Weber*

2002 erfährt der Citaro ein leichtes Facelift, was vor allem an der geänderten Motorbelüftung und Seitenfensterlinie erkennbar ist, wie an diesen beiden Fahrzeugen des Mannheimer RNV. *Foto Alexander Weber*

Hier sehen wir einen dreitürigen Citaro der VAG Freiburg mit dem Facelift von 2002. *Foto Alexander Weber*

An der Fahrerseite zeichnet die 2002er-Facelift-Citaros ein zusätzliches Motorlüftungsgitter an der Dachkante im Heckbereich aus, wie bei diesem Wagen der Heilbronner Verkehrsbetriebe gut zu erkennen ist.
*Foto Alexander Weber*

| Typ | O 530 Citaro | O 530 Citaro | O 530 Citaro | O 530 Citaro | O 530 Citaro Ü | O 530 Citaro Ü | O 530 Citaro CNG | O 530 Citaro BZ |
|---|---|---|---|---|---|---|---|---|
| Motor | OM 906 hLA | OM 906 hLA | OM 906 LA | OM 906 LA | OM 906 hLA | OM 906 hLA | M 447 hLAG | ? |
| Zylinder | 6 | 6 | 6 | 6 | 6 | 6 | 6 | - |
| Hubraum in $cm^3$ | 6370 | 6370 | 6370 | 6370 | 6370 | 6370 | 11967 | - |
| Leistung in PS | 279 | 279 | 279 | 279 | 279 | 279 | 250 | 300 |
| L x B x H in mm | 11950 x 2500 x 2991 | 11950 x 2500 x 2991 | 11950 x 2500 x 2991 | 11950 x 2500 x 2991 | 11950 x 2500 x 3007 | 11950 x 2500 x 3007 | 11950 x 2500 x 3389 | 11950 x 2500 x 2991 |
| Radstand in mm | 5845 | 5845 | 5845 | 5845 | 5845 | 5845 | 5845 | 5845 |
| Bauzeit | 1997–2001 | 2001–2006 | 1999–2001 | 2001–2006 | 1998–2001 | 2001–2006 | 2000–2006 | 2001 |
| Anmerkungen | Motor nach EURO 2-Norm; auf Wunsch auch mit 230 PS; ab 1998 auf Wunsch auch mit OM 457 hLA mit 299 PS oder 350 PS | Motor nach EURO 3-Norm; auf Wunsch auch mit 230 PS oder mit OM 457 hLA mit 299 PS oder 350 PS | Motor nach EURO 2-Norm; stehender Motor | Motor nach EURO 3-Norm; stehender Motor | Motor nach EURO 2-Norm; auf Wunsch auch mit OM 457 hLA mit 299 oder 350 PS | Motor nach EURO 3-Norm; auf Wunsch auch mit OM 457 hLA mit 299 oder 350 PS | Erdgas-Antrieb | Brennstoff-zellen-Versuchsbus |

Nach Großbritannien liefert DaimlerChrysler den Citaro in dieser rechtsgelenkten Version mit nur einem Ein- und Ausstieg vorne und einem Notausstieg auf der Fahrerseite.
*Sammlung Alexander Weber*

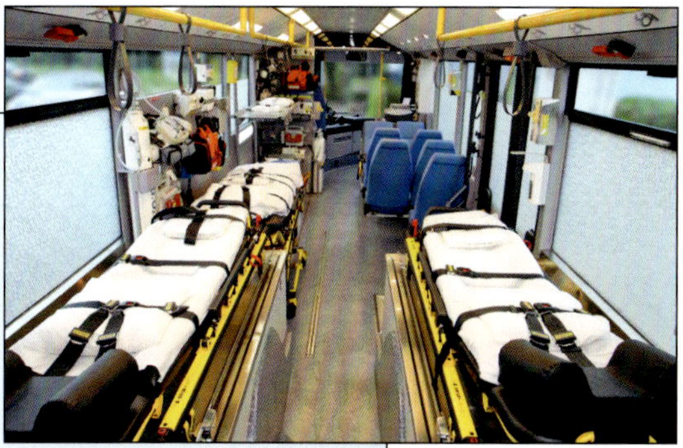

Die Stuttgarter Berufsfeuerwehr beschafft 2006 einen Citaro als Großraumrettungswagen.

Ein recht ähnliches Fahrzeug ist auch bei der Berufsfeuerwehr in Hamburg vorhanden.
*Pressefoto Daimler AG*

Ab 1999 ist der Citaro auch mit einem stehend eingebauten Turmmotor zu haben, der auch im Heckbereich einen durchgehend niedrigen Wagenboden ermöglicht. Allerdings fallen durch den nun in den Fahrgastraum hineinragenden Motorturm einige Sitzplätze im Heckbereich weg.

*Pressefoto Daimler AG*

Dieser Citaro mit Turmmotor ist für die Berliner BVG bestimmt. Für Werbeaufnahmen außerhalb des Werkes wurde er provisorisch mit einem Mannheimer Kennzeichen versehen.

*Pressefoto Daimler AG*

Die ATAC in Rom entscheidet sich für den dreitürigen Citaro mit Turmmotor.

*Foto Alexander Weber*

| Typ | O 530<br>Citaro G | O 530<br>Citaro G | O 530<br>Citaro G | O 530<br>Citaro GÜ | O 530<br>Citaro GÜ | O 530<br>Citaro G CNG |
|---|---|---|---|---|---|---|
| Motor | OM 906 hLA | OM 906 hLA | OM 906 LA | OM 906 hLA | OM 906 hLA | M 447 hLAG |
| Zylinder | 6 | 6 | 6 | 6 | 6 | 6 |
| Hubraum in $cm^3$ | 6370 | 6370 | 6370 | 6370 | 6370 | 11967 |
| Leistung in PS | 279 | 279 | 279 | 279 | 279 | 330 |
| L x B x H in mm | 17940 x 2500 x 2991 | 17940 x 2500 x 2991 | 17940 x 2500 x 2991 | 17940 x 2500 x 2991 | 17940 x 2500 x 2991 | 17940 x 2500 x 3389 |
| Radstand in mm | 5845 + 5990 | 5845 + 5990 | 5845 + 5990 | 5845 + 5990 | 5845 + 5990 | 5845 + 5990 |
| Bauzeit | 1998–2001 | 2001–2006 | 2001–2006 | 1998–2001 | 2001–2006 | 2000–2006 |
| Anmerkungen | Motor nach EURO 2-Norm; auf Wunsch auch mit OM 457 hLA mit 299 oder 350 PS | Motor nach EURO 3-Norm; auf Wunsch auch mit OM 457 hLA mit 299 oder 350 PS | Motor nach EURO 3-Norm; stehender Motor | Motor nach EURO 2-Norm; auf Wunsch auch mit OM 457 hLA mit 299 oder 350 PS | Motor nach EURO 3-Norm; auf Wunsch auch mit OM 457 hLA mit 299 oder 350 PS | Erdgas-Antrieb |

Die Überlandversion des Citaro, der Citaro Ü mit einflügeliger Vordertür, ist ab 1998 erhältlich.

Eigentlich hat der Citaro Ü eine eigenständige Frontgestaltung mit aerodynamischer Dachkante, doch ebenso wie manche Kunden für den normalen Citaro die Überlandfront wählen, gibt es Kunden, die den Citaro Ü mit der Stadtlinienfront mit ihrer eckigen Zielanzeige über der Windschutzscheibe bevorzugen. *Foto Alexander Weber*

Dieser Citaro Ü der ATAC Rom macht im Mai 2011 eine kurze Pause, bevor er zu seinem nächsten Einsatz startet. *Foto Alexander Weber*

Auch die Berufsfeuerwehr München nutzt einen Citaro als Großraumrettungswagen. Dieser basiert aber im Gegensatz zu den Fahrzeugen aus Stuttgart und Hamburg auf dem Citaro Ü. *Pressefoto Daimler AG*

Ab 2000 ergänzt der erdgasbetriebene Citaro CNG das Programm weiter.

Hier sehen wir einen dreitürigen Citaro CNG der ATC Bologna, der gerade an der Haltestelle am Hauptbahnhof von Bologna ankommt.

*Foto Alexander Weber*

Für die Weltausstellung EXPO 2000 in Hannover will die ÜSTRA neue Omnibusse anschaffen. Für sie entwirft der Designer James Irvine diese spezielle Karosserie für den Citaro CNG.

*Foto Piet van Biesen*

| Typ | O 530 Citaro L | O 530 Citaro L | O 530 Citaro LÜ | O 530 Citaro LÜ | O 530 Citaro MÜ |
|---|---|---|---|---|---|
| Motor | OM 906 hLA | OM 906 hLA | OM 457 hLA | OM 457 hLA | OM 906 hLA |
| Zylinder | 6 | 6 | 6 | 6 | 6 |
| Hubraum in $cm^3$ | 6370 | 6370 | 11967 | 11967 | 6370 |
| Leistung in PS | 279 | 279 | 299 | 299 | 279 |
| L x B x H in mm | 14995 x 2500 x 3007 | 14995 x 2500 x 3007 | 14995 x 2500 x 3007 | 14995 x 2500 x 3007 | 13010 x 2500 x 3009 |
| Radstand in mm | 7290 + 1600 | 7290 + 1600 | 7290 + 1600 | 7290 + 1600 | 6862 |
| Bauzeit | 1998–2001 | 2001–2006 | 1998–2001 | 2001–2006 | 2003–2006 |
| Anmerkungen | Motor nach EURO 2-Norm; auf Wunsch auch mit OM 457 hLA mit 299 oder 350 PS | Motor nach EURO 3-Norm; auf Wunsch auch mit OM 457 hLA mit 299 oder 350 PS | Motor nach EURO 2-Norm | Motor nach EURO 3-Norm | Motor nach EURO 3-Norm |

Als Weiterentwicklung des NEBUS kommt 2002 der Citaro BZ, ein in einer Kleinserie gefertigter Brennstoffzellenomnibus, heraus. Hier sehen wir den Prototyp bei einer Probefahrt in Peking.

Dieser Citaro BZ ist im Rahmen des ECTOS-Projektes versuchsweise in Reykjavik im Einsatz.

Auch in London wird der Citaro BZ oder „Fuel Cell Bus“ erprobt.

*Sammlung Alexander Weber*

In Deutschland ist Stuttgart eine der Großstädte, in denen der Citaro BZ seine Alltagstauglichkeit unter Beweis stellen kann. *Pressefoto Daimler AG*

Der 18-m-Gelenkwagen Citaro G ist das größte Modell in der Citaro-Familie. Er ist ab 1998 erhältlich. *Sammlung Alexander Weber*

Auf dieser Abbildung ist ein Citaro G der Verkehrsbetriebe Kreis Plön zu sehen.

Citaro G, hier ein Fahrzeug in der Facelift-Version von 2002, sollten in London die bekannten Doppeldecker zumindest teilweise ersetzen. Nicht zuletzt auf Druck des damaligen Bürgermeisters Boris Johnson blieben sie aber nur ein kurzes Intermezzo in der britischen Hauptstadt.
*Pressefoto Daimler AG*

Auch dieser Citaro G der Konstanzer Verkehrsbetriebe, der auf der Linie 9B unterwegs ist, ist ein Fahrzeug mit dem 2002er-Facelift, wie an der Motorlüftung unschwer zu erkennen ist.
*Foto Alexander Weber*

Die ViP Verkehrsbetrieb Potsdam GmbH hat für ihre Citaro G die Überlandfront gewählt.
*Foto Alexander Weber*

In Form des Citaro GÜ gibt es natürlich auch eine Überlandlinienversion des 18-m-Gelenkwagens mit einflügeliger Vordertüre. *Pressefoto Daimler AG*

Hier sehen wir einen Citaro GÜ der SAB Bergamo, die zum Arriva-Konzern gehört. Das Fahrzeug ist im für Italien typischen Ministerialblau lackiert.
*Foto Alexander Weber*

Neben den Solowagen erhält die ÜSTRA zur EXPO 2000 auch eine Serie von Citaro G CNG Gelenkomnibussen mit Erdgasantrieb im speziellen Irvine-Design.
*Sammlung Alexander Weber*

Die Verkehrsbetriebe in Leipzig ordern ebenfalls den Irvine-Citaro G CNG.
*Sammlung Alexander Weber*

Die Citaro G CNG für die TAN im französischen Nantes sind dagegen mit einem speziellen Designpack versehen.

Auf gut 15 m Länge bringt es der dreiachsige Solowagen Citaro L, der ab 1998 verfügbar ist.
*Pressefoto Daimler AG*

Einer der Kunden, die sich für den Citaro L entscheiden, ist das Frankfurter Busunternehmen Sippel.
*Pressefoto Daimler AG*

Auch die Bahntochter RBS Stuttgart hat den Citaro L im Fuhrpark. Die RBS-Fahrzeuge haben aber eine Überlandfront.

Wie an der einflügeligen Vordertüre unschwer zu erkennen ist, handelt es sich bei diesem Omnibus um einen Citaro LÜ.
*Sammlung Alexander Weber*

Der längste Zweiachser in der Citaro-Familie ist der Citaro MÜ, der 2003 herauskommt.
*Pressefoto Daimler AG*

Er hat eine Länge von 13 m, worauf die Werbebeschriftung an diesem Vorführwagen explizit hinweist.
*Sammlung Alexander Weber*

Auf Wunsch ist der Citaro MÜ auch mit doppelt breitem, vorderem Einstieg erhältlich. Vier dieser Fahrzeuge setzt die Hamburger Firma Jasper im Zubringerdienst zum Flughafen der Hansestadt ein.
*Pressefoto Daimler AG*

2006 erfährt die komplette Citaro-Familie ein umfassendes Facelift, was an der neuen Front- und Heckgestaltung zu erkennen ist.

Die Hamburger Hochbahn ordert natürlich auch den facegelifteten Citaro. Auf den Schnellbuslinien kommen Fahrzeuge mit Überlandfront zum Einsatz. Und noch eine weitere Hamburger Besonderheit sehen wir hier, die auf Wunsch erhältliche, glatte Bugblende, um auch dort Werbung anbringen zu können. *Foto Alexander Weber*

An einem verregneten April-Tag im Jahr 2011 wartet dieser Citaro am Graf-Wilhelm-Platz in Solingen auf die Weiterfahrt. *Foto Alexander Weber*

Die Züricher VBZ entscheidet sich auch beim Facelift-Citaro für die dreitürige Version.

Auch die Landbus Unterland in Bregenz nutzt den dreitürigen Facelift-Citaro. Im Gegensatz zu den Züricher Wagen hat dieser aber Außenschwenktüren. *Foto Alexander Weber*

British Airways hat sich diesen speziellen Citaro mit Türen auf beiden Seiten für den Vorfeldeinsatz schaffen lassen.

Klassisch britisch mit nur einem Ein- und Ausstieg vorne und dem Notausstieg auf der Fahrerseite präsentiert sich dagegen dieser Facelift-Citaro der Busgesellschaft Vectis.

### Facelift 2006

| Typ | O 530 Citaro | O 530 Citaro | O 530 Citaro Ü | O 530 Citaro CNG | O 530 Citaro FuelCELL-Hybrid |
|---|---|---|---|---|---|
| Motor | OM 906 hLA | OM 906 LA | OM 906 hLA | M 447 hLAG | ZF |
| Zylinder | 6 | 6 | 6 | 6 | - |
| Hubraum in cm³ | 6370 | 6370 | 6370 | 11967 | - |
| Leistung in PS | 286 | 286 | 286 | 250 | 2 x 110 |
| L x B x H in mm | 11950 x 2500 x 3076 | 11950 x 2500 x 3076 | 11950 x 2500 x 3076 | 11950 x 2500 x 3389 | 11950 x 2500 x 3400 |
| Radstand in mm | 5845 | 5845 | 5845 | 5845 | 5845 |
| Bauzeit | 2006–2011 | 2006–2011 | 2006–2011 | 2006–2016 | 2009–2013 |
| Anmerkungen | Motor nach EURO 4 / 5- bzw. EEV-Norm; auf Wunsch auch mit OM 457 hLA mit 350 PS | Motor nach EURO 4 / 5- bzw. EEV-Norm; stehender Motor; auf Wunsch auch mit OM 457 hLA mit 350 PS | Motor nach EURO 4 / 5- bzw. EEV-Norm; auf Wunsch auch mit OM 457 hLA mit 350 PS | Erdgas-Antrieb | Brennstoffzellen-Versuchsbus mit seriellem Hybrid-antrieb |

2009 entsteht im Auftrag der Regierung von Dubai der Citaro-Großraumrettungswagen, den wir hier sehen. *Pressefoto Daimler AG*

Ebenfalls 2009 erhält die RATB in Bukarest ihren 1000. Citaro. Es ist ein facegeliftetes Fahrzeug mit Turmmotor.
*Pressefoto Daimler AG*

Hier sehen wir einen Citaro Ü in der 2006er-Facelift-Version der Firma Omnibus Müller, welcher im Auftrag der DB Regio unterwegs ist.

*Foto Alexander Weber*

Dieser Citaro Ü der DB-Tochter Weser-Ems-Bus startet im August 2018 am Bahnhof von Osnabrück seine Fahrt.

*Foto Alexander Weber*

Auch der Citaro CNG erfährt das 2006er-Facelift wie die gesamte Modellfamilie. Gut zu erkennen ist hier auch das überarbeitete Heck mit den neuen Mehrkammerrückleuchten.

### Facelift 2006

| Typ | O 530 Citaro G | O 530 Citaro G | O 530 Citaro GÜ | O 530 Citaro G CNG | O 530 Citaro G BlueTec-Hybrid |
|---|---|---|---|---|---|
| Motor | OM 457 hLA | OM 457 hLA | OM 457 hLA | M 447 hLAG | OM 924 LA |
| Zylinder | 6 | 6 | 6 | 6 | 4 |
| Hubraum in $cm^3$ | 11967 | 11967 | 11967 | 11967 | 4800 |
| Leistung in PS | 350 | 350 | 350 | 330 | 220 |
| L x B x H in mm | 17940 x 2500 x 3076 | 17940 x 2500 x 3076 | 17940 x 2500 x 3076 | 17940 x 2500 x 3389 | 17940 x 2500 x 3325 |
| Radstand in mm | 5845 + 5990 | 5845 + 5990 | 5845 + 5990 | 5845 + 5990 | 5845 + 5990 |
| Bauzeit | 2006–2011 | 2006–2011 | 2006–2011 | 2006–2016 | 2008–2014 |
| Anmerkungen | Motor nach EURO 4 / 5- bzw. EEV-Norm; auf Wunsch auch mit 299 PS | Motor nach EURO 4 / 5- bzw. EEV-Norm; stehender Motor; auf Wunsch auch mit 299 PS | Motor nach EURO 4 / 5- bzw. EEV-Norm; auf Wunsch auch mit 299 PS | Erdgas-Antrieb | Hybridomnibus mit vier ZF-Radnaben-motoren mit je 80 PS |

### Facelift 2006

| Typ | O 530 Citaro L | O 530 Citaro LÜ | O 530 Citaro MÜ | O 530 Citaro K | O 530 Citaro K |
|---|---|---|---|---|---|
| Motor | OM 457 hLA | OM 457 hLA | OM 906 hLA | OM 906 hLA | OM 906 LA |
| Zylinder | 6 | 6 | 6 | 6 | 6 |
| Hubraum in $cm^3$ | 11967 | 11967 | 6370 | 6370 | 6370 |
| Leistung in PS | 299 | 299 | 286 | 286 | 286 |
| L x B x H in mm | 14995 x 2500 x 3076 | 14995 x 2500 x 3076 | 13010 x 2500 x 3076 | 10503 x 2500 x 3076 | 10503 x 2500 x 3076 |
| Radstand in mm | 7290 + 1600 | 7290 + 1600 | 6862 | 4398 | 4398 |
| Bauzeit | 2006–2016 | 2006–2016 | 2006–2016 | 2006–2012 | 2008–2012 |
| Anmerkungen | Motor nach EURO 4 / 5- bzw. EEV-Norm; auf Wunsch auch mit 350 PS | Motor nach EURO 4 / 5- bzw. EEV-Norm; auf Wunsch auch mit 350 PS | Motor nach EURO 4 / 5- bzw. EEV-Norm; auf Wunsch auch mit OM 457 hLA mit 299 PS oder 350 PS | Motor nach EURO 4 / 5- bzw. EEV-Norm | Motor nach EURO 4 / 5- bzw. EEV-Norm; stehender Motor |

Die ANM in Neapel hat eine größere Flotte von Citaro CNG. Bei diesem Exemplar ist die Zielanzeige ausgefallen, weshalb ein Zettel in der Windschutzscheibe darauf verweist, dass der Wagen auf der Linie 151 unterwegs ist. *Foto Alexander Weber*

Im französischen Colmar versieht der Citaro CNG, den wir hier sehen, seinen Dienst. *Foto Alexander Weber*

2009 wird der Citaro FuelCELL-Hybrid vorgestellt, der über einen Radnabenantrieb verfügt, der über die Brennstoffzelle mit Strom versorgt wird.
*Pressefoto Daimler AG*

Wie der Citaro BZ wird auch der Citaro FuelCELL-Hybrid in Kleinserie gefertigt und in verschiedenen Städten erprobt. Dieses Exemplar ist als Shuttlebus auf dem Campus des KIT in Karlsruhe im Einsatz.
*Pressefoto Daimler AG*

Auch die Postauto Schweiz testet den Citaro FuelCELL-Hybrid im Linieneinsatz.
*Pressefoto Daimler AG*

Den Citaro G im 2006er-Facelift sehen wir auf diesen beiden Werbeaufnahmen.
*Pressefoto Daimler AG*

2008 kann der 20.000. Citaro ausgeliefert werden. Es ist ein Citaro G für die Firma Pflieger.

Für den Export nach Japan ist dieser rechtsgelenkte Citaro G vorgesehen.

Die Busgesellschaft Ametis aus dem französischen Amiens wählt für ihre Citaro G das optionale Designpack.

Zusammen mit dem 12-m-Solowagen entsteht im Auftrag der Regierung von Dubai 2009 auch ein Großraumrettungswagen auf Basis des Citaro G, der als größter Krankenwagen der Welt Eingang ins Guinness-Buch der Rekorde findet. *Pressefoto Daimler AG*

Die Mailänder Verkehrsbetriebe ATM haben eine größere Flotte von Citaro G mit Turmmotor im Fuhrpark.
*Foto Alexander Weber*

2010 rollt bereits der 30.000. Citaro aus dem Werk Mannheim. Es ist ein Citaro G CNG für Linz.

Auch die Bernmobil in der schweizerischen Hauptstadt nutzt den Citaro G CNG.
*Foto Alexander Weber*

Der Prototyp des Citaro BlueTec-Hybrid entsteht im Jahr 2007.
*Pressefoto Daimler AG*

Bei dem Gelenkwagen treibt ein Dieselmotor im Heck einen Generator an, der eine Batterie auf dem Dach des Vorderwagens mit Strom versorgt, von wo dieser zu den Radnabenmotoren an den beiden Portalachsen gelangt.
*Pressefoto Daimler AG*

Die Stuttgarter SSB erhält Ende 2009 eine ganze Flotte des Citaro BlueTec-Hybrid.
*Pressefoto Daimler-Benz AG*

Auch die Mailänder ATM setzt den Citaro BlueTec-Hybrid ein. Er kommt unter anderem auf der Linie 94 zum Einsatz.
*Foto Alexander Weber*

Hier sehen wir einen Citaro L in der 2006er-Facelift-Version mit Überlandfront in Diensten der schweizerischen Postauto AG.
*Foto Alexander Weber*

Bei diesem Fahrzeug der Bergamo Trasporti handelt es sich dagegen um einen Citaro LÜ.
*Foto Alexander Weber*

Der Citaro MÜ der Firma Egenberger Omnibus-Reisen verfügt über ein EURO 5-Triebwerk, worauf sowohl in den Displays als auch auf der Werbebeklebung hingewiesen wird.

Ab 2006 ergänzt der Citaro K als Midi-Linienomnibus das Citaro-Angebot und schließt die Lücke im Omnibusprogramm der Marke Mercedes-Benz, die nach der Einstellung des Cito entstanden ist. *Pressefoto Daimler AG*

Die Stadtwerke Lindau setzen den Citaro K auf den engen Linien in der Altstadt ein. *Foto Alexander Weber*

Dieser Citaro K ist dagegen für den Mannheimer RNV unterwegs. Im Gegensatz zum Lindauer Wagen, der einen Turmmotor hat, besitzt das hier abgebildete Fahrzeug einen liegend eingebauten Motor. *Foto Alexander Weber*

Das Low Entry-Modell Citaro LE kommt 2005 auf den Markt und nimmt das Facelift der Citaro-Familie schon vorweg.

Die Verkehrsbetriebe in Heilbronn setzen praktisch nur noch Citaro LE als Solowagen ein. Diese sind Dreitürer mit einem schmalen, einflügeligen Heckausstieg. *Foto Alexander Weber*

Die MBC im schweizerischen Morges hat sich dagegen für den zweitürigen Citaro LE entschieden, der aber dafür eine Überlandfront besitzt. *Foto Alexander Weber*

### Facelift 2006

| Typ | O 530 Citaro LE | O 530 Citaro LE | O 530 Citaro LE Ü | O 530 Citaro LE Ü | O 530 Citaro LE MÜ | O 530 Citaro LE MÜ |
|---|---|---|---|---|---|---|
| Motor | OM 457 LA | OM 457 LA | OM 457 LA | OM 457 LA | OM 457 LA | OM 457 LA |
| Zylinder | 6 | 6 | 6 | 6 | 6 | 6 |
| Hubraum in $cm^3$ | 11967 | 11967 | 11967 | 11967 | 11967 | 11967 |
| Leistung in PS | 299 | 299 | 299 | 299 | 299 | 299 |
| L x B x H in mm | 12040 x 2500 x 3318 | 12040 x 2500 x 3318 | 12040 x 2500 x 3318 | 12040 x 2500 x 3318 | 13057 x 2500 x 3318 | 13057 x 2500 x 3318 |
| Radstand in mm | 6035 | 6035 | 6035 | 6035 | 7052 | 7052 |
| Bauzeit | 2005–2006 | 2006–2012 | 2005–2006 | 2006–2012 | 2005–2006 | 2006–2012 |
| Anmerkungen | Motor nach EURO 3-Norm; auf Wunsch auch mit 350 PS | Motor nach EURO 4 / 5- bzw. EEV-Norm; auf Wunsch auch mit 350 PS | Motor nach EURO 3-Norm; auf Wunsch auch mit 350 PS | Motor nach EURO 4 / 5- bzw. EEV-Norm; auf Wunsch auch mit 350 PS | Motor nach EURO 3-Norm; auf Wunsch auch mit 350 PS | Motor nach EURO 4 / 5- bzw. EEV-Norm; auf Wunsch auch mit 350 PS |

Der Citaro LE Ü verfügt als Überlandlinienomnibus nur über einen schmalen, vorderen Einstieg mit einflügeliger Türe.
*Pressefoto Daimler AG*

*Oben:* Die Bahntochter RBS Stuttgart hat zahlreiche Citaro LE Ü in ihrem Bestand. Dieses Exemplar wartet am Bahnhof Göppingen auf seinen nächsten Einsatz. *Foto Alexander Weber*

*Rechts oben:* Das größte Low Entry-Modell ist der 13 m lange Citaro LE MÜ. Das hier abgebildete Exemplar der Regionalbus Augsburg GmbH hat gerade seine Fahrt am Ulmer Hauptbahnhof beendet. *Foto Alexander Weber*

*Rechts unten:* Dieser Citaro LE MÜ der Verkehrsbetriebe Hamburg-Holstein GmbH weist die für die Hamburger Omnibusse typische, glatte Bugblende auf. *Foto Alexander Weber*

# O 520 Cito (Baumuster 666)

## Der innovative Midi-Linienomnibus

Als Ersatz für den O 402 und als unteren Abschluss des Angebotes an Linienomnibussen wird 1998 der Midi-Linienomnibus O 520 Cito vorgestellt, der mit einigen Innovationen aufwartet. Der selbsttragende Wagenkörper ist in Hybridbauweise aus Aluminiumprofilen und Aluminium-Sandwichplatten für Dach und Boden konstruiert, welche miteinander verschraubt, vernietet oder verklebt sind. Dieser Aufbau wird dann mit Kunststoffteilen verkleidet. Die Wagenfront besteht komplett aus glasfaserverstärktem Kunststoff und ist wiederum mit dem vorderen Unterbau und der Wagenkastenröhre verklebt. Der Wagenkörper ist dabei modular konzipiert, so dass der Cito durch die Verwendung unterschiedlicher Mittelsegmente in drei Längen verfügbar ist. Auch beim diesel-elektrischen Antrieb geht Mercedes-Benz vollkommen neue Wege. Dieser ist im Antriebssegment, dem so genannten Powerpack, der zusammen mit Siemens entwickelt wurde, untergebracht. In diesem ist ein Reihenvierzylinder des Typs OM 904 LA quer, über der Achse stehend eingebaut. Er treibt einen Elektrogenerator an, der wiederum über einen Umrichter den auf der Hinterachse montierten Fahrmotor mit Strom versorgt, welcher dann über ein Untersetzungsgetriebe die Hinterachse antreibt. Es handelt sich hierbei um eine klassische Starrachse, die wie die Vorderachse auch die bewährte Luftfederung und Scheibenbremsen besitzt, welche über das elektropneumatische Bremssystem EBS, das aus dem Lastwagen Actros übernommen wurde, angesteuert werden. Die Vorderachse ist eine gekröpfte Faustachse mit ZF-Servolenkung. ABS ist beim Cito Serienstandard, auf Wunsch ist auch ASR verfügbar. Um Produktion, Vertrieb und Vermarktung des neuen Modells optimal aufzustellen, gründet die EvoBus ein eigenständiges Midibus-Center, das im Werk Mannheim angesiedelt wird und auch eine neue Fabrikhalle umfasst. Trotzdem wird der Cito in Deutschland ein eher seltener Anblick im Stadtverkehr bleiben, weil viele Verkehrsbetriebe dem innovativen Antriebskonzept misstrauen. In den europäischen Nachbarländern verkauft er sich dagegen weitaus besser, so dass 2001 die Motoren noch auf den EURO 3-Standard gebracht werden. 2003 endet dann die Produktion.

Als unterer Abschluss des Angebotes an Linienomnibussen kommt 1998 der Midi-Bus O 520 Cito ins Programm. In seiner kleinsten Version hat er eine Länge von rund 8 m.
*Sammlung Alexander Weber*

| Typ | O 520 Cito | O 520 Cito | O 520 Cito |
|---|---|---|---|
| Motor | OM 904 LA | OM 904 LA | OM 904 LA |
| Zylinder | 4 | 4 | 4 |
| Hubraum in cm³ | 4250 | 4250 | 4250 |
| Leistung in PS | 170 | 170 | 170 |
| L x B x H in mm | 8085 x 2500 x 2945 | 8908 x 2500 x 2945 | 9585 x 2500 x 2945 |
| Radstand in mm | 4500 | 5323 | 6000 |
| Bauzeit | 1998–2003 | 1998–2003 | 1998–2003 |
| Anmerkungen | Motor nach EURO 2-Norm; ab 2001 nach EURO 3-Norm | Motor nach EURO 2-Norm; ab 2001 nach EURO 3-Norm | Motor nach EURO 2-Norm; ab 2001 nach EURO 3-Norm |

*Oben links:* Die SAF in Udine setzt den kleinen Cito auf schwach frequentierten, innerstädtischen Routen ein. *Foto Alexander Weber*

*Oben rechts:* Rund 9 m Länge hat die mittlere Version des O 520 Cito, für den sich die Berliner BVG entschieden hat.

*Links:* Ein mittlere O 520 Cito ist im Mai 2005 auch in Augsburg im Einsatz. *Foto Alexander Weber*

*Unten:* Die größte Version des Cito bringt es auf eine Länge von knapp 9,6 m. *Sammlung Alexander Weber*

# O 580 Travego (Baumuster 629)

## Das neue Flaggschiff

Nach gut dreijähriger Entwicklungszeit kann DaimlerChrysler 1999 in Form des O 580 Travego den Nachfolger für den O 404 und somit das neue Flaggschiff des Omnibusprogramms seiner Marke Mercedes-Benz vorstellen. Wie schon beim Integro bedienen sich die Entwickler hierbei wieder aus dem gemeinsamen EvoBus-Baukasten und entwickeln für den Travego das Karosseriegrundgerippe, das in bewährter Ringspantentechnik gehalten ist, und das Fahrwerk der Setra 300er-Baureihe konsequent weiter. Es mag daher wenig verwundern, dass der Wagenkörper des Travego zwei Jahre darauf auch die Basis der neuen TopClass 400 von Setra sein wird. Das Fahrwerk des Travego bilden eine ZF-Einzelradaufhängung an doppelten Querlenkern an der Vorderachse und eine leichte Blechumformachse als Antriebsachse. Beim dreiachsigen 17-Reiher ist zusätzlich noch eine ZF-Nachlaufachse mit aktiver Lenkung und Rear Axle Steering (RAS) vorhanden. Als Standardmotorisierung wird der Reihensechszylinder OM 457 mit Ladeluftkühlung verbaut, der im 15-Reiher in der liegenden Version, im 17-Reiher in der stehenden Version zum Einbau kommt. Auf Wunsch ist in der RHD-Variante auch der stärkere V8-Diesel OM 502 LA zu haben. Kombiniert werden die Triebwerke mit einem MB GO-Sechsganggetriebe, das mittels Joystick geschaltet wird und das auch mit hydraulischer Schalthilfe verfügbar ist. Sicher zum Stehen bringen den Reiseomnibus Scheibenbremsen an allen Rädern, die durch ein pneumatisches Zweikreis-Bremssystem mit EBS elektronisch gesteuert werden. ABS, ASR und Bremsassistent sind serienmäßig vorhanden, eine Fahrdynamikregelung auf Wunsch ebenfalls verfügbar. Beim Karosseriedesign behalten die Entwickler das typische Mercedes-Benz-Gesicht der Front bei, interpretieren dieses aber modern. In der Seitenlinie des Travego stechen vor allem die Rundungen am oberen vorderen und unteren hinteren Ende der Seitenfensterfront, die markante B-Säule und die in einer charakteristischen Schwinge geformten hinteren Radläufe als Erkennungs-

Der O 580 Travego löst 1999 den O 404 ab. Kleinstes Modell der Baureihe ist der O 580-15 RH.

Vor der offiziellen Vorstellung des O 580 Travego werden die Prototypen der neuen Baureihe unter allen Witterungsbedingungen auf Herz und Nieren getestet, wie dieser noch stark getarnte O 580-15 RHD.

Im August 2012 wartet dieser O 580-15 RH des Freiburger Reisedienstes am Busbahnhof in Freiburg auf Fahrgäste, um diese zum Flughafen in Basel zu befördern.

*Foto Alexander Weber*

Auf diesem offiziellen Pressefoto präsentiert sich der O 580-15 RHD dem Betrachter.
*Pressefoto Daimler AG*

Die Ziegelmeier GmbH ist für ihre VIP-Services bekannt. Dieser O 580-15 RHD kommt 2001 bei offiziellen Anlässen im Auftrag der Bundesregierung zum Einsatz, so dass zu den Fahrgästen auch der damalige Kanzler Gerhard Schröder gehört. *Sammlung Alexander Weber*

Hier quält sich ein O 580-15 RHD der ATAP Pordenone durch den chaotischen Verkehr Roms. *Foto Alexander Weber*

merkmale hervor. Zum Produktionsstart ist der Travego mit 15 Sitzreihen als Reiseomnibus Travego RH und Reisehochdecker Travego sowie als 17-Reiher Reisehochdecker Travego L verfügbar. 2001 erfolgt die Umstellung auf EURO 3-Triebwerke und zwei Jahre drauf ergänzt der knapp 13 m lange Dreiachser Travego M mit 16 Sitzreihen in Hochdeckerbauweise das Programm weiter. Ab sofort ist für die Achtzylinderversionen gegen Aufpreis auch die Zwölfgang-AS-Tronic von ZF als Getriebe zu haben. Der Travego der ersten Generation wird noch bis 2006 gebaut werden, bis ihn die Fahrzeuge der zweiten Travego-Generation ablösen.

2004 ordert der Deutsche Fussballbund diesen O 580-15 RHD als Mannschaftsomnibus bei DaimlerChrysler. *Pressefoto Daimler AG*

| Typ | O 580-15 RH Travego RH | O 580-15 RH Travego RH | O 580-15 RHD Travego | O 580-15 RHD Travego | O 580-16 RHD Travego M | O 580-17 RHD Travego L | O 580-17 RHD Travego L |
|---|---|---|---|---|---|---|---|
| Motor | OM 457 hLA | OM 457 hLA | OM 457 hLA | OM 457 hLA | OM 457 LA | OM 457 LA | OM 457 LA |
| Zylinder | 6 | 6 | 6 | 6 | 6 | 6 | 6 |
| Hubraum in $cm^3$ | 11967 | 11967 | 11967 | 11967 | 11967 | 11967 | 11967 |
| Leistung in PS | 350 | 350 | 350 | 350 | 422 | 422 | 422 |
| L x B x H in mm | 12000 x 2500 x 3440 | 12000 x 2500 x 3440 | 12000 x 2500 x 3710 | 12000 x 2500 x 3710 | 12820 x 2500 x 3710 | 13850 x 2500 x 3710 | 13850 x 2500 x 3710 |
| Radstand in mm | 6080 | 6080 | 6080 | 6080 | 6080 + 1350 | 7110 + 1350 | 7110 + 1350 |
| Bauzeit | 1999–2001 | 2001–2006 | 1999–2001 | 2001–2006 | 2003–2006 | 1999–2001 | 2001–2006 |
| Anmerkungen | Motor nach EURO 2-Norm; auf Wunsch auch mit 408 PS | Motor nach EURO 3-Norm; auf Wunsch auch mit 408 PS | Motor nach EURO 2-Norm; auf Wunsch auch mit OM 502 LA mit 408 PS oder 476 PS | Motor nach EURO 3-Norm; auf Wunsch auch mit OM 502 LA mit 408 PS oder 476 PS | Motor nach EURO 3-Norm; auf Wunsch auch mit OM 502 LA mit 408 PS oder 476 PS | Motor nach EURO 2-Norm; auf Wunsch auch mit OM 502 LA mit 408 PS oder 476 PS | Motor nach EURO 3-Norm; auf Wunsch auch mit OM 502 LA mit 408 PS oder 476 PS |

Ab 2003 ergänzt der rund 16 m lange O 580-16 RHD Travego M das Programm. *Pressefoto Daimler AG*

Hier blicken wir in den Fahrgastraum eines Travego M.

Der Fahrerplatz ist bei allen Omnibussen der Travego-Familie identisch gestaltet. Die Schaltung des MB GO-Sechsganggetriebes erfolgt mittels eines Joysticks.

Der O 580-16 RHD in der Carl Benz-Sonderedition stammt aus dem Jahr 2004. *Pressefoto Daimler AG*

Größtes Modell der Baureihe ist der O 580-17 RHD Travego L mit knapp 14 m Länge. *Pressefoto Daimler AG*

Die Firma Käsweber Reisen befördert die Münchner Symphoniker in dem Travego L, den wir hier sehen.

Recht schlicht fällt die Lackierung dieses Travego L des Busunternehmens Auto Fischer aus.
*Sammlung Alexander Weber*

# O 560 Intouro (Baumuster 613)

## Der günstige Reise- und Kombiomnibus aus türkischer Fertigung

Auf Basis der ComfortClass 300 von Setra entwickelt die Mercedes-Benz Türk S.A. Ende der 1990er-Jahre die Baureihe O 560 als günstigen Reise- und Kombiomnibus für den heimischen Markt und den Export nach Südosteuropa. Äußerlich beschränken sich die Veränderungen auf neu gestaltete Front- und Heckpartien, ansonsten wird das Karosseriegrundgerippe wie auch das Fahrwerk mit Hypoid-Hinterachse und Einzelradaufhängung vorne unverändert übernommen. Scheibenbremsen sind ebenso standardmäßig verbaut wie ABS und ASR und ein Retarder. Als Antriebsquelle dient dem O 560, der als RH und RHD angeboten wird, der Reihenvierzylinder OM 441 LA, der mit einem MB GO-Sechsgang-Schaltgetriebe kombiniert wird. Da gerade die Kunden in Frankreich und den Benelux-Ländern günstige Reise- und Kombiomnibusse nachfragen, wird der O 560 unter dem Namen Intouro ab 2001 auch in Westeuropa angeboten. Hierfür versieht man ihn allerdings mit dem OM 457 hLA nach EURO 3-Norm, während ansonsten weiter die EURO 2-Triebwerke verbaut werden. Nach Deutschland wird der Intouro der ersten Generation nur als Gebrauchtfahrzeug gelangen, aber vor allem in Frankreich können diverse Fahrzeuge in der niedrigen RH-Version abgesetzt werden, so dass sich Mercedes-Benz entscheidet, den O 560 im Jahr 2006 durch einen neuen Intouro der zweiten Generation, der als preisgünstige Alternative zum Integro vermarktet wird, zu ersetzen.

| Typ | **O 560 RH Intouro** | **O 560 RH Intouro** | **O 560 RHD Intouro** | **O 560 RHD Intouro** |
|---|---|---|---|---|
| Motor | OM 441 LA | OM 457 hLA | OM 441 LA | OM 457 hLA |
| Zylinder | 6 | 6 | 6 | 6 |
| Hubraum in $cm^3$ | 11309 | 11967 | 11309 | 11967 |
| Leistung in PS | 340 | 350 | 340 | 350 |
| L x B x H in mm | 12000 x 2500 x 3360 | 12000 x 2500 x 3360 | 12000 x 2500 x 3560 | 12000 x 2500 x 3560 |
| Radstand in mm | 6080 | 6080 | 6080 | 6080 |
| Bauzeit | 1999–2005 | 2001–2005 | 1999–2005 | 2001–2005 |
| Anmerkungen | Motor nach EURO 2-Norm | Version für westeuropäische Märkte; Motor nach EURO 3-Norm | Motor nach EURO 2-Norm | Version für westeuropäische Märkte; Motor nach EURO 3-Norm |

*Oben:* Der O 560 wird Ende der 1990er-Jahre bei der Mercedes-Benz Türk S.A. auf Basis der ComfortClass 300 von Setra entwickelt. Es gibt ihn in RH-Bauweise als Kombiomnibus.
*Sammlung Alexander Weber*

*Unten links:* Der O 560 ist vor allem für die Märkte in Südosteuropa gedacht, wird aber unter dem Namen Intouro ab 2001 auch in Westeuropa angeboten.

*Unten rechts:* Neben dem O 560 RH gibt es auch eine RHD-Version, die als Reiseomnibus vermarktet wird.

# O 345 Conecto (Baumuster 671)

## Die Hochboden-Linienomnibusse aus der Türkei

Bereits Mitte der 1990er-Jahre entsteht bei der Mercedes-Benz Türk S.A. auf Basis der Standard II-Linienomnibusse der O 345. Dieser günstige Hochboden-Omnibus übernimmt das komplette Fahrwerk der Standard II-Familie in der für die Niederfluromnibusse überarbeiteten Version mit vorderer Faustachse und Außenplaneten-Hinterachse, Zweikreis-Druckluftbremssystem, ABS und auch dem liegenden OM 447 hLA als Antriebsquelle. An diesen ist ein Sechsgang-Schaltgetriebe mit elektropneumatischer Schaltung angeflanscht. Auch die Federung entspricht der des O 405. Lediglich den Aufbau hat man komplett neu in einem recht schlichten Design, bei dem einzig die Front noch vage eine Familienzugehörigkeit zum O 405 erkennen lässt, gestaltet. Zunächst ist der O 345 ausschließlich für den türkischen Markt und den Export nach Südosteuropa sowie den Nahen und Mittleren Osten und Nordafrika gedacht und wird als Linien- und Gelenkomnibus angeboten. Es folgen aber schon bald auch eine Überlandlinien- und Kombiomnibus-Version. Da sich gerade letztere in leicht abgewandelter Form als günstiger Schulbus anbietet, wie er vor allen in Frankreich und den Benelux-Ländern gefragt ist, unterzieht man den O 345 einem leichten Facelift und bietet ab 1999 eine entsprechende Variante auf den genannten Märkten an. Nach erfolgversprechenden ersten Verkäufen erfährt der O 345 daher Ende 2000 ein zweites Facelift, bei dem vor allem die Fahrzeugfront deutlich aufgefrischt wird und eine Umstellung auf EURO 3-Motoren erfolgt, und wird unter dem Namen Conecto ins allgemeine Mercedes-Benz Omnibusprogramm aufgenommen. Der Schulbus Conecto E bleibt dabei weiter exklusiv den Märkten in Frankreich und Benelux vorbehalten. Der Linienomnibus Conecto C, der Gelenkwagen Conecto G, die Überlandlinienmodelle Conecto Ü und MÜ sowie der Kombiomnibus Conecto H werden dagegen auf allen westeuropäischen Märkten angeboten. In Deutschland werden am Ende aber nur Conecto H in sehr begrenztem Umfang überhaupt abgesetzt werden, während die übrigen Conecto-Varianten gar nicht oder nur als Gebrauchtfahrzeuge hier auftauchen. 2007 endet die Fertigung des Conecto der ersten Generation.

Für den heimischen türkischen Markt, aber auch für den Export nach Südosteuropa entwickelt die Mercedes-Benz Türk S.A. Mitte der 1990er-Jahre auf Basis der Standard II-Omnibusse den O 345. Diesen gibt es als Stadtlinienomnibus (oben links), als Überlandlinienomnibus (oben rechts) und als Gelenkwagen (rechts). *Pressefotos Daimler AG*

| Typ | O 345 | O 345 Conecto E | O 345 Conecto H | O 345 Conecto C | O 345 Conecto Ü | O 345 Conecto G | O 345 Conecto MÜ |
|---|---|---|---|---|---|---|---|
| Motor | OM 447 hLA | OM 457 hLA | OM 457 hLA | OM 457 hLA | OM 457 hLA | OM 457 hLA | OM 457 hLA |
| Zylinder | 6 | 6 | 6 | 6 | 6 | 6 | 6 |
| Hubraum in $cm^3$ | 11967 | 11980 | 11980 | 11980 | 11980 | 11980 | 11980 |
| Leistung in PS | 250 | 250 | 250 | 250 | 250 | 250 | 250 |
| L x B x H in mm | 11825 x 2500 x 2980 | 11825 x 2500 x 2980 | 11858 x 2500 x 2972 | 11818 x 2500 x 3081 | 11915 x 2500 x 3053 | 17883 x 2500 x 3081 | 12800 x 2500 x 3053 |
| Radstand in mm | 5875 | 5875 | 5875 | 5875 | 5875 | 5725 + 6175 | 6760 |
| Bauzeit | 1996–2001 | 2001–2007 | 2001–2007 | 2001–2007 | 2001–2007 | 2001–2007 | 2001–2007 |
| Anmerkungen | Motor nach EURO 2-Norm; ab 1999 als Schulbus in Frankreich und Benelux vermarktet | Motor nach EURO 3-Norm; ab 2003 auf Wunsch auch mit 299 PS; Schulbus für Frankreich und Benelux | Motor nach EURO 3-Norm; ab 2003 auf Wunsch auch mit 299 PS; Kombiomnibus auch in Deutschland vermarktet | Motor nach EURO 3-Norm; ab 2003 auf Wunsch auch mit 299 PS; Linienomnibus | Motor nach EURO 3-Norm; ab 2003 auf Wunsch auch mit 299 PS; Überlandomnibus | Motor nach EURO 3-Norm; ab 2003 auf Wunsch auch mit 299 PS; Gelenkomnibus | Motor nach EURO 3-Norm; ab 2003 auf Wunsch auch mit 299 PS; Überlandomnibus |

Auf dem UITP-Kongress in Toronto 1999 präsentiert DaimlerChrysler die Baureihe in einer überarbeiteten Form dann auch einem breiteren Publikum.
*Pressefoto Daimler AG*

Während die neue, einteilige Frontscheibe auch in der Serienfertigung in der Türkei Einzug hält, werden die dort vermarkteten Fahrzeuge wie dieser Gelenkwagen aber weiterhin mit gefassten, statt geklebten Seitenscheiben ausgeliefert.
*Pressefoto Daimler AG*

Erst nach einem zweiten, umfassenden Facelift Ende 2000 wird der O 345 unter dem Markennamen Conecto dann auch offiziell in Westeuropa angeboten. In Deutschland wird sich letztlich aber nur der Kombiomnibus Conecto H verkaufen.

*Pressefoto Daimler AG*

Einer der großen Abnehmer des Conecto H ist die Bahntochter RBS mit Sitz in Stuttgart.

*Pressefoto Daimler AG*

Der Conecto C ist die Stadtlinienversion des Conecto. *Pressefoto Daimler AG*

Die belgische Busgesellschaft TEC setzt einige Conecto C im Stadtverkehr in verschiedenen Gemeinden in der Wallonie und den Niederlanden ein. *Pressefoto Daimler AG*

Hier sehen wir die Überlandlinienversion Conecto Ü aus der O 345-Familie. *Sammlung Alexander Weber*

Diese Conecto G warten im Werk Hosdere in der Türkei auf die Überführung nach Ungarn. *Pressefoto Daimler AG*

Auf knapp 13 m Länge bringt es der Conecto MÜ.

# O 510 Tourino (Baumuster 444)

## Der kleine Bruder des Travego von der iberischen Halbinsel

Nach dem eher glücklosen Versuch, mit dem O 301 im Markt der Midi-Reiseomnibusse Fuß zu fassen, unternimmt DaimlerChrysler im Jahr 2003 einen weiteren Anlauf nicht zuletzt auch, da der Travego im Gegensatz zu seinem Vorgänger O 404 nicht mehr als 10-Reiher angeboten wird. Im EvoBus-Werk Sámano in Spanien wird daher als Fahrwerk ein aus der OC 500-Bodengruppe abgeleitetes Heckmodul mit einem neu entwickelten Frontmodul zu einem Fahrgestell vereinigt. Dieses verfügt vorne über Einzelradaufhängung an doppelten Querlenkern und hinten über eine starre Hypoid-Antriebsachse, die beide wie üblich luftgefedert sind. Auch das Bremssystem bietet altbekanntes, besteht es doch aus einer Zweikreis-Druckluftbremsanlage mit Scheibenbremsen an allen Rädern und elektronischer EBS-Steuerung. ABS und ASR sind serienmäßig vorhanden, ebenso ein Retarder von Voith. Als Antriebsquelle dient dem O 510 der Reihensechszylinder OM 906 LA, der mit einem MB GO-Sechsganggetriebe kombiniert wird. Mit einem Aufbau wird das Fahrgestell bei dem bekannten portugiesischen Karosseriebauer Caetano versehen, der diesen optisch weitgehend an den großen Bruder Travego anlehnt. Ab 2004 versieht man den O 510 auch noch mit ESP und mit der Umstellung auf den OM 926 LA, der den Abgasnormen EURO 4, 5 und EEV entspricht, im Jahre 2006 wird auch noch ein Bremsassistent serienmäßig eingebaut. 2013 endet die Fertigung des O 510 und der Tourismo K übernimmt seine Rolle im Reiseomnibus-Programm der Marke Mercedes-Benz.

| Typ | O 510 Tourino | O 510 Tourino |
|---|---|---|
| Motor | OM 906 LA | OM 926 LA |
| Zylinder | 6 | 6 |
| Hubraum in cm³ | 6370 | 7200 |
| Leistung in PS | 245 | 286 |
| L x B x H in mm | 9350 x 2400 x 3300 | 9350 x 2400 x 3300 |
| Radstand in mm | 4680 | 4680 |
| Bauzeit | 2003–2006 | 2006–2013 |
| Anmerkungen | Motor nach EURO 3-Norm; auf Wunsch auch mit 280 PS | Motor nach EURO 4 / 5 / EEV-Norm |

Der Midi-Reiseomnibus O 510 kommt 2003 auf den Markt. Er wird unter dem Markennamen Tourino vertrieben. Die Fertigung des Fahrwerks erfolgt im EvoBus-Werk Sámano in Spanien. Dieses wird dann beim portugiesischen Karosseriebauer Caetano mit einem Aufbau versehen. *Pressefoto Daimler AG*

*Links:* Ab 2006 sorgt der Sechszylinder OM 926 LA für den Antrieb, der die EURO-Normen 4, 5 und EEV erfüllt. *Pressefoto Daimler AG*

*Unten links:* Der Fahrgastraum des Tourino präsentiert sich ähnlich gemütlich gestaltet wie der in seinem größeren Bruder Travego. *Pressefoto Daimler AG*

*Unten rechts:* Auch der Fahrerplatz bietet den bekannten Reisebuskomfort für den Chauffeur. Lediglich auf die Joystick-Schaltung muss er im Tourino verzichten. *Pressefoto Daimler AG*

Zum Fuhrpark des Südwestrundfunks in Stuttgart gehört 2016 auch ein Tourino, der sich hier dem Fotografen im strahlenden Sonnenschein präsentiert.
*Foto Alexander Weber*

# Travego (Baumuster 632)

## Die nächste Generation des Flaggschiffs

Nach sechsjähriger Bauzeit schickt DaimlerChrysler 2005 die nächste Generation seines Flaggschiffs Travego auf die Reise. Dieser Travego der zweiten Generation, den es wie gehabt als 12 m langen Travego sowie als Travego M mit drei Achsen und 13 m Länge und ebenfalls als dreiachsigen Travego L mit rund 14 m Länge gibt, ist dabei allerdings kein komplett neues Fahrzeug. Vielmehr haben die Konstrukteure den alten Travego grundlegend überarbeitet. So besteht das Karosseriegrundgerippe auch weiterhin aus Ringspanten, doch ist es gelungen, durch einen neuen Gepäckraumboden aus Metawell-Aluminiumsandwich, ein optimiertes Dachgerippe und den Wegfall der Fahrertüre das Gewicht gegenüber dem Vorgänger deutlich zu senken. Dies alles gelingt, ohne an der Sicherheit zu sparen, denn der neue Travego verfügt über den so genannten Front Collision Guard (FCG). Hierbei bildet ein mehrteiliges Querprofil hinter dem Stoßfänger einen Unterfahrschutz und das Vorbaugerippe dahinter besteht aus Crash-Elementen, so dass der Travego der zweiten Generation bereits zukünftigen Normen für Pendeleinschlagtests entspricht. Auch äußerlich präsentiert sich der neue Travego aufgefrischt mit neu gestalteter Front und Heck sowie einer nun deutlich stärker betonten B-Säule. Die wichtigen Neuerungen verbergen sich natürlich unter dem Blech. Neben einer komplett neuen Bordelektronik erfüllen die Motoren durch die Verwendung der BlueTec-Technologie auf Basis von SCR ab sofort die EURO 4-Norm. Für zusätzliche Sicherheit beim Fahren sorgen dagegen der Dauerbrems-Limiter DBL und ESP, die um den Abstandregel-Tempomat ART und den Spurassistenten SPA ergänzt werden können. Ab 2005 kommt im Travego zusätzlich auch noch der Bremsassistent BA zum Einbau. Im Jahr darauf kann der Notbremsassistent ABA als Sonderausstattung geordert werden und die Motoren erfüllen nun den EURO 5-Standard. Zum Modelljahr 2008 wird der vordere Stoßfänger im Rahmen eines leichten Faceliftes modifiziert und ein automatisiertes MB GO-Achtganggetriebe ersetzt die bisher verfügbaren. Ihre letzte Evolutionsstufe erreichen die Travegos der zweiten Generation schließlich im Jahr 2012. Im Heck arbeiten nun die komplett neu entwickelten langhubigen Common-Rail-Diesel mit X-Pulse-Technik der Typen OM 470 bzw. 471, die die EURO 6-Norm erfüllen. Äußerlich ist dies an den zusätzlichen Lüftungsöffnungen in der Motorklappe am Heck zu erkennen. Bei den Dreiachsern ersetzt eine ZF-Nachlaufachse mit Einzelradaufhängung und aktiver RAS-Lenkung die bisher verbaute Starrachse aus selbem Hause. Auch das Bremssystem erfährt eine Überarbeitung. Anstelle des bisherigen hydrodynamischen Voith-Retarders kommt nun ein Sekundär-Wasser-Retarder zum Einbau und als Alternative zum normalen ABA ist auch die nächste Generation des Notbremsassistenten in Form des ABA 2 verfügbar. In dieser Form bleibt die Travego-Familie noch bis 2018 erhältlich, dann wird der Verkauf in Westeuropa eingestellt. Der seit 2016 in der Türkei erhältliche Travego der dritten Generation in SHD-Bauweise wird in Westeuropa nicht angeboten werden.

2005 kommt die zweite Generation des Travego auf den Markt. Er ist wie gehabt (von oben nach unten) als 12 m langer Travego, als Travego M mit 13 m Länge und als 14-m-Modell Travego L zu haben.
*Pressefoto Daimler AG*

Der Travego der zweiten Generation ist kein komplett neues Modell, sondern vielmehr eine grundlegende Überarbeitung des alten Travego. Äußerlich zeigt sich dies an den neu gestalteten Front- und Heckpartien sowie in der Seitenansicht an der stärker betonten B-Säule.

Im Heck des Travego arbeitet der Sechszylinder OM 457 LA.

Das Cockpit des neuen Travego zeigt sich gegenüber seinem Vorgänger praktisch unverändert. *Pressefoto Daimler AG*

| Typ | Travego | Travego | Travego | Travego M | Travego M | Travego M |
|---|---|---|---|---|---|---|
| Motor | OM 457 LA | OM 457 LA | OM 470 | OM 457 LA | OM 457 LA | OM 470 |
| Zylinder | 6 | 6 | 6 | 6 | 6 | 6 |
| Hubraum in $cm^3$ | 11967 | 11967 | 10677 | 11967 | 11967 | 10677 |
| Leistung in PS | 428 | 428 | 428 | 428 | 428 | 428 |
| L x B x H in mm | 12000 x 2500 x 3710 | 12000 x 2500 x 3710 | 12000 x 2500 x 3710 | 12820 x 2500 x 3710 | 12820 x 2500 x 3710 | 12820 x 2500 x 3710 |
| Radstand in mm | 6080 | 6080 | 6080 | 6080 + 1350 | 6080 + 1350 | 6080 + 1350 |
| Bauzeit | 2005–2008 | 2008–2012 | 2012–2018 | 2005–2008 | 2008–2012 | 2012–2018 |
| Anmerkungen | Motor nach EURO 4-Norm (ab 2006 auch EURO 5) | Facelift-Version; Motor nach EURO 5-Norm; auf Wunsch auch mit 455 PS | Motor nach EURO 6-Norm | Motor nach EURO 4-Norm (ab 2006 auch EURO 5); auf Wunsch auch mit OM 502 LA mit 476 PS | Facelift-Version; Motor nach EURO 5-Norm; auf Wunsch auch mit 455 PS oder mit OM 502 LA mit 476 PS | Motor nach EURO 6-Norm; auf Wunsch auch mit OM 471 mit 476 PS |

Nach drei Jahren Bauzeit erfährt der Travego ein erstes, leichtes Facelift, bei dem die vorderen Stoßfänger modifiziert werden, um 2012 mit der Einführung von EURO 6-Triebwerken seine letzte Evolutionsstufe zu erreichen. Die EURO 6-Motoren bedingen zusätzliche Lüftungsöffnungen in der Motorraumklappe am Heck. Das Bild oben rechts zeigt den EURO 6-Diesel OM 470, der ab 2012 für den Antrieb sorgt. *Pressefotos Daimler AG*

Der Fußballverein Turbine Potsdam nutzt diesen Travego als Mannschaftsomnibus. *Pressefoto Daimler AG*

Im Juni 2012 parkt ein Travego der Fischer Omnibusreisen GmbH & Co KG aus Weilheim am Heilbronner Bahnhof. *Foto Alexander Weber*

In strahlendem Vorführlack präsentiert sich hier ein Travego M dem Werksfotografen. *Pressefoto Daimler AG*

Auf Basis eines Travego M entsteht 2009 der Mercedes-Benz Safety Coach, mit dem die Marke mit dem Stern die neuesten Sicherheits- und Fahrassistenzsysteme vorstellt.
*Pressefoto Daimler AG*

Die EURO 6-Version des Travego M, die ab 2012 von den Bändern rollt, sehen wir auf diesen beiden Aufnahmen. *Pressefoto Daimler AG*

Festlich geschmückt verbreitet dieser Travego M im Winter 2016 Weihnachtsstimmung auf den Straßen. *Pressefoto Daimler AG*

Die deutsche Fußballnationalmannschaft wird mit einem Travego M zu den Spielen befördert. *Pressefoto Daimler AG*

Größtes Modell der Travego-Familie ist der rund 14 m lange Dreiachser Travego L. Die Aufnahme oben rechts gewährt uns den Blick in seinen Fahrgastraum. *Pressefotos Daimler AG*

Auch beim Travego L erfolgt 2012 die Umstellung auf EURO 6-Triebwerke, was an den zusätzlichen Lüftungsöffnungen am Heck erkennbar ist.
*Pressefoto Daimler AG*

| | | | |
|---|---|---|---|
| Typ | **Travego L** | **Travego L** | **Travego L** |
| Motor | OM 457 LA | OM 457 LA | OM 470 |
| Zylinder | 6 | 6 | 6 |
| Hubraum in $cm^3$ | 11967 | 11967 | 10677 |
| Leistung in PS | 428 | 428 | 428 |
| L x B x H in mm | 13850 x 2500 x 3710 | 13850 x 2500 x 3710 | 13850 x 2500 x 3710 |
| Radstand in mm | 7110 + 1350 | 7110 + 1350 | 7110 + 1350 |
| Bauzeit | 2005–2008 | 2008–2012 | 2012–2018 |
| Anmerkungen | Motor nach EURO 4-Norm (ab 2006 auch EURO 5); auf Wunsch auch mit OM 502 LA mit 476 PS | Facelift-Version; Motor nach EURO 5-Norm; auf Wunsch auch mit 455 PS oder mit OM 502 LA mit 476 PS | Motor nach EURO 6-Norm; auf Wunsch auch mit OM 471 mit 476 PS |

Vor der neuen Elbphilharmonie in Hamburg wartet im September 2017 dieser Travego L von Polster & Pohl auf die Rückkehr seiner Fahrgäste, die auf einer Rundfahrt entlang der Nordseeküste sind. *Foto Alexander Weber*

Exklusiv für den türkischen Markt entsteht im Werk Hosdere eine Superhochdeckerversion des Travego. Dieser ist als dreiachsiger Siebzehnreiher (links) und als zweiachsiges Modell mit 15 Sitzreihen (rechts) zu haben.

# Integro (Baumuster 633)

## Die zweite Generation des Überlandomnibusses aus dem EvoBus-Baukasten

Ende 2005 hat auch die zweite Generation des Überlandlinienomnibusses Integro ihre Premiere, die ab 2006 zu den Kunden rollt. Wie beim Travego überarbeitet man auch beim Integro das Vorgängermodell gründlich, wobei man die Verbesserungen an Fahrwerk und Karosseriegerippe aus dem Travego übernimmt, und verzichtet auf eine komplette Neukonstruktion. Als Antriebsquelle dient dem neuen Integro der Reihensechszylinder OM 457 hLA in liegender Bauweise, der wie gehabt mit einem MB GO-Sechsganggetriebe kombiniert werden kann. Als Alternativen stehen nun aber auch ein GO-Getriebe mit EPS, ein ZF Ecomat oder das Voith DIWA-Getriebe zur Verfügung. Scheibenbremsen sind beim neuen Integro an allen Achsen vorhanden und beim Dreiachser Integro L besitzt die ZF-Nachlaufachse mit RAS jetzt Einzelradaufhängung. Zum serienmäßigen Retarder, ABS und ASR haben sich zudem ESP und der Bremsassistent BA gesellt. Äußerlich präsentiert sich der Integro der zweiten Generation ebenfalls deutlich aufgefrischt mit neuer Front- und Heckgestaltung. Im Laufe des Jahres 2006 entsprechen die Motoren, die dank BlueTec-Technologie auf SCR-Basis bereits schon die EURO 4-Norm erfüllten, dann auch dem EURO 5-Standard, um ab 2008 die noch strengere EEV-Norm zu erfüllen. 2013 ersetzen dann EURO 6-Triebwerke in Common-Rail-Bauweise die bisherigen Motoren, wobei der OM 936 im Integro und Integro M ohne, der OM 470 im Integro L mit X-Pulse-Technik ausgestattet sind. Zudem ist nun auch ein automatisiertes MB GO-Achtganggetriebe verfügbar. Ab 2015 sind dann auch noch der Spurassistent SPA und der Notbremsassistent AEBS (Advanced Emergency Braking System) für den Integro erhältlich. Weitere Überarbeitungen erfährt die Baureihe nicht mehr, da sie 2017 schließlich komplett vom bereits seit 2013 in ganz Europa parallel angebotenen Intouro verdrängt wird.

Die zweite Generation des Integro geht 2006 an den Start. Ähnlich wie beim Travego ist auch sie keine Neukonstruktion, sondern eine gründliche Überarbeitung des alten Integro. Der Integro ist ein klassischer Überlandlinien- und Kombiomnibus. Dementsprechend zweckmäßig präsentiert sich der Fahrgastraum (oben rechts). *Pressefotos Daimler AG*

Mit der Umstellung auf EURO 6-Motoren im Jahr 2013 erhält auch der Integro eine neue Motorraumklappe am Heck mit zusätzlichen Lüftungsöffnungen. Als Antriebsquelle dient ab 2013 der Sechszylinder OM 936 (oben rechts). *Pressefotos Daimler AG*

| Typ | **Integro** | **Integro** | **Integro** | **Integro M** | **Integro M** | **Integro M** |
|---|---|---|---|---|---|---|
| Motor | OM 457 hLA | OM 457 hLA | OM 936 | OM 457 hLA | OM 457 hLA | OM 936 |
| Zylinder | 6 | 6 | 6 | 6 | 6 | 6 |
| Hubraum in $cm^3$ | 11967 | 11967 | 7698 | 11967 | 11967 | 7698 |
| Leistung in PS | 299 | 299 | 299 | 299 | 299 | 299 |
| L x B x H in mm | 12140 x 2500 x 3350 | 12140 x 2500 x 3350 | 12140 x 2500 x 3350 | 12980 x 2500 x 3350 | 12980 x 2500 x 3350 | 12980 x 2500 x 3350 |
| Radstand in mm | 6080 | 6080 | 6080 | 6920 | 6920 | 6920 |
| Bauzeit | 2006–2008 | 2008–2013 | 2013–2017 | 2006–2008 | 2008–2013 | 2013–2017 |
| Anmerkungen | Motor nach EURO 4-Norm (ab Mitte 2006 auch EURO 5); auf Wunsch auch mit 354 PS | Motor nach EURO 5 / EEV-Norm; auf Wunsch auch mit 354 PS | Motor nach EURO 6-Norm; auf Wunsch auch mit 354 PS | Motor nach EURO 4-Norm (ab Mitte 2006 auch EURO 5); auf Wunsch auch mit 354 PS | Motor nach EURO 5 / EEV-Norm; auf Wunsch auch mit 354 PS | Motor nach EURO 6-Norm; auf Wunsch auch mit 354 PS |

Die Firma Bayer ist eine bekannte Spedition und ein Omnibusunternehmen im Raum Ulm. Einer ihrer Integro macht im Juni 2012 am Ulmer Hauptbahnhof Betriebspause. *Foto Alexander Weber*

Hier sehen wir einen Integro der Adda Trasporti im klassischen, italienischen Ministerialblau am Busbahnhof von San Donato Milanese. *Foto Alexander Weber*

Der Integro M bringt es auf rund 13 m Länge. Ansonsten unterscheidet er sich nicht vom nur 12 m langen, normalen Integro. *Pressefoto Daimler AG*

| | | | |
|---|---|---|---|
| Typ | **Integro L** | **Integro L** | **Integro L** |
| Motor | OM 457 hLA | OM 457 hLA | OM 470 |
| Zylinder | 6 | 6 | 6 |
| Hubraum in $cm^3$ | 11967 | 11967 | 10677 |
| Leistung in PS | 354 | 354 | 360 |
| L x B x H in mm | 13850 x 2500 x 3710 | 13850 x 2500 x 3710 | 13850 x 2500 x 3710 |
| Radstand in mm | 7110 + 1350 | 7110 + 1350 | 7110 + 1350 |
| Bauzeit | 2006–2008 | 2008–2013 | 2013–2017 |
| Anmerkungen | Motor nach EURO 4-Norm (ab Mitte 2006 auch EURO 5); auf Wunsch auch mit 408 PS | Motor nach EURO 5 / EEV-Norm; auf Wunsch auch mit 408 PS | Motor nach EURO 6-Norm; auf Wunsch auch mit 394 PS |

Dieser Integro M der Nordest Trasporti in Bergamo macht großflächig Werbung für das bekannte Mineralwasser Norda.
*Foto Alexander Weber*

Die österreichische Postbus, ein Tochterunternehmen der ÖBB, setzt in und um Salzburg den Integro L im Liniendienst ein. *Foto Alexander Weber*

Auf dieser Aufnahme ist hingegen ein Integro L der Busgesellschaft SAB aus Bergamo zu sehen. *Foto Alexander Weber*

# Intouro (Baumuster 633)

## Der zweieiige Zwilling des Integro

Parallel zum Integro der zweiten Generation entwickelt das Werk Hosdere in der Türkei auch einen neuen Intouro. Dieser basiert komplett auf dem neuen Integro und ist daher als reiner Überlandlinien- und Kombiomnibus konzipiert. Bis auf die Motorisierung, die bei ihm der stehende Reihensechszylinder OM 926 LA übernimmt, entspricht er auch technisch dem teureren Bruder aus Mannheimer- bzw. Neu Ulmer-Produktion. Im Gegensatz zu diesem ist er aber nur als Zweiachser mit 12 m (Intouro), 12,6 m (Intouro M) und 13 m Länge (Intouro L) und nicht als Dreiachser zu haben. Der Intouro wird zunächst auf dem türkischen Markt und in Westeuropa in erster Linie in Frankreich und den Benelux-Ländern angeboten, wo er vor allem als Schulbus weite Verbreitung findet. Da so auch immer wieder Gebrauchtfahrzeuge nach Deutschland gelangen und auch dort die Rufe nach einer günstigen Alternative zum Integro lauter werden, wird der Intouro mit der Umstellung auf EURO 6-Motoren des Typs OM 936 und den weiteren im Jahr 2013 eingeführten technischen Verbesserungen der gemeinsamen Plattform, die im Übrigen auch die Basis der MultClass 400 der EvoBus-Schwestermarke Setra bildet, in ganz Westeuropa angeboten. Er verkauft sich dabei schnell besser als der Integro, so dass er diesen 2017 vom Markt verdrängen wird. 2020 erfolgt dann die Ablösung des Intouro der zweiten Generation durch die neuen Modelle der dritten Generation.

| Typ | **Intouro** | **Intouro** | **Intouro** | **Intouro M** | **Intouro M** | **Intouro M** |
|---|---|---|---|---|---|---|
| Motor | OM 926 LA | OM 926 LA | OM 936 | OM 926 LA | OM 926 LA | OM 936 |
| Zylinder | 6 | 6 | 6 | 6 | 6 | 6 |
| Hubraum in $cm^3$ | 7201 | 7201 | 7698 | 7201 | 7201 | 7698 |
| Leistung in PS | 299 | 299 | 299 | 299 | 299 | 299 |
| L x B x H in mm | 12140 x 2500 x 3350 | 12140 x 2500 x 3350 | 12140 x 2500 x 3350 | 12640 x 2500 x 3350 | 12640 x 2500 x 3350 | 12640 x 2500 x 3350 |
| Radstand in mm | 6080 | 6080 | 6080 | 6580 | 6580 | 6580 |
| Bauzeit | 2006–2008 | 2008–2013 | 2013–2020 | 2006–2008 | 2008–2013 | 2013–2020 |
| Anmerkungen | Motor nach EURO 4-Norm (ab Mitte 2006 auch EURO 5); auf Wunsch auch mit 326 PS | Motor nach EURO 5 / EEV-Norm; auf Wunsch auch mit 326 PS | Motor nach EURO 6-Norm; auf Wunsch auch mit 354 PS | Motor nach EURO 4-Norm (ab Mitte 2006 auch EURO 5); auf Wunsch auch mit 326 PS | Motor nach EURO 5 / EEV-Norm; auf Wunsch auch mit 326 PS | Motor nach EURO 6-Norm; auf Wunsch auch mit 354 PS |

| Typ | **Intouro L** | **Intouro L** | **Intouro L** |
|---|---|---|---|
| Motor | OM 926 LA | OM 926 LA | OM 936 |
| Zylinder | 6 | 6 | 6 |
| Hubraum in $cm^3$ | 7201 | 7201 | 7698 |
| Leistung in PS | 299 | 299 | 299 |
| L x B x H in mm | 13320 x 2500 x 3350 | 13320 x 2500 x 3350 | 13320 x 2500 x 3350 |
| Radstand in mm | 7260 | 7260 | 7260 |
| Bauzeit | 2006–2008 | 2008–2013 | 2013–2020 |
| Anmerkungen | Motor nach EURO 4-Norm (ab Mitte 2006 auch EURO 5); auf Wunsch auch mit 326 PS | Motor nach EURO 5 / EEV-Norm; auf Wunsch auch mit 326 PS | Motor nach EURO 6-Norm; auf Wunsch auch mit 354 PS |

Zusammen mit dem neuen Integro wird auch der neue Intouro, den das Werk Hosdere auf Basis des Integro der zweiten Generation entwickelt hat, vorgestellt. Er ist als reiner Überlandlinien- und Kombiomnibus konzipiert. *Pressefoto Daimler AG*

Im Gegensatz zum Integro ist der Fahrgastraum des Intouro etwas einfacher gehalten. *Pressefoto Daimler AG*

So präsentiert sich der Fahrerplatz im neuen Intouro. *Pressefoto Daimler AG*

Wie bei den anderen Baureihen auch, so erfolgt auch beim Intouro 2013 die Umstellung auf EURO 6-Motoren. Dadurch ändert sich die Gestaltung der Motorraumklappe, die nun zusätzliche Lüftungsöffnungen aufweist.
*Pressefoto Daimler AG*

Gleich sechs Intouro hat das Busunternehmen ICOM in der Türkei 2014 übernommen. *Pressefoto Daimler AG*

Analog zum Integro gibt es auch den Intouro als Intouro M, hier in der EURO 6-Version. Dieser ist aber nur 12,6 m lang.
*Pressefoto Daimler AG*

Der Intouro L bringt es dagegen auf 13 m Länge und ist ein Zweiachser. Einen solchen Intouro L hat das bekannte Busunternehmen Emile Weber aus Luxemburg in seinem Fuhrpark.
*Foto Michael Mertes*

# CapaCity (Baumuster 628)

## Der Gelenkomnibus im XXL-Format

Auf der MOT 2005 präsentiert DaimlerChrysler den Prototyp eines völlig neuen Linienomnibusses. Der CapaCity, wie der Verkaufsname des neuen Modells lautet, ist ein vierachsiger und viertüriger Gelenkomnibus im XXL-Format, mit dem das Unternehmen in den Markt der Großraum-Linienomnibusse vorstoßen will. Basis der Entwicklung ist der Facelift-Citaro G, dessen Vorderwagen nahezu unverändert übernommen wird. Neu konstruiert ist dagegen der Hinterwagen mit dem Antrieb, der im Gegensatz zum normalen Citaro G deutlich an Länge zulegt und dessen Fahrwerk um eine gelenkte ZF-Niederflurportalachse ergänzt wird. Als Antriebsquelle dient dem rund 19,5 m langen Giganten der liegende Reihensechszylinder OM 457 hLA mit 354 PS. Ansonsten entspricht das Fahrwerk dem der Facelift-Citaro, allerdings besitzt der CapaCity zusätzlich noch eine Wank-/Nickregelung mit elektronisch geregelter, variabler Kennung der Stoßdämpfer, die bisher nur in

Einen Omnibus der Superlative präsentiert DaimlerChrysler auf der MOT 2005 mit dem vierachsigen Gelenkwagen CapaCity. Der Prototyp, den wir hier sehen, weicht noch in einigen Details von den späteren Serienfahrzeugen ab.

*Pressefotos Daimler AG*

Der Innenraum des CapaCity ist vollniederflurig, leitet er sich doch vom Citaro ab. *Pressefoto Daimler AG*

Dementsprechend weist auch der Fahrerplatz kaum Unterschiede zu dem des normalen Citaro G auf.

*Pressefoto Daimler AG*

| Typ | CapaCity | CapaCity |
|---|---|---|
| Motor | OM 457 hLA | OM 457 hLA |
| Zylinder | 6 | 6 |
| Hubraum in $cm^3$ | 11967 | 11967 |
| Leistung in PS | 354 | 354 |
| L x B x H in mm | 19540 x 2550 x 3076 | 19540 x 2550 x 3076 |
| Radstand in mm | 5845 + 5990 + 1600 | 5845 + 5990 + 1600 |
| Bauzeit | 2006–2008 | 2008–2016 |
| Anmerkungen | Motor nach EURO 4-Norm; ab 2007 auch mit EURO 5-Motor | Motor nach EURO 5 / EEV-Norm |

Brennstoffzellen-Omnibussen Verwendung fand. 2006 gehen erste Vorserienfahrzeuge zur Erprobung im Fahrgastbetrieb an verschiedene Kunden, bevor 2007 die Serienfertigung startet. Hierzu überarbeitet man den CapaCity nochmals leicht. Statt des Sechsganggetriebes von ZF kommt nun serienmäßig ein Voith DIWA-Viergang-Automatikgetriebe zum Einbau. Der ZF-Sechsgangautomat bleibt aber auf Wunsch weiterhin erhältlich, ebenso wie ein Sechsgang-DIWA-Getriebe von Voith. Zudem ist der CapaCity nun ab Werk mit einer Karosserie im Stile der Facelift-Citaro versehen, während das eigenständige Design der Vorserienwagen als Design-Pack angeboten wird. Ab 2007 erfüllt der OM 457 hLA im CapaCity die EURO 5-Norm, im Jahr darauf sogar die noch strengere EEV-Norm. Die Fertigung läuft noch bis 2016 unverändert weiter, bis ihn der neue CapaCity auf Basis des Citaro C2 ablöst.

Die ersten Vorserienfahrzeuge gehen 2006 in die Erprobung bei ausgewählten Kunden.

*Pressefoto Daimler AG*

Ein erster Großkunde für den CapaCity sind die Verkehrsbetriebe der Stadt Istanbul I.E.T.T. Diese nutzt den CapaCity für ein neu geschaffenes BRT-System, bei dem die Omnibusse auf eigener Fahrbahn verkehren. Ungewöhnlich ist dabei, dass sie auf der „falschen" Seite fahren, was durch die auf der Strecke mittig angeordneten Haltestellen bedingt ist.

*Pressefoto Daimler AG*

Die Firma Groß in Tübingen ist einer der deutschen CapaCity-Kunden. Sie verzichtet auf den Designpack und entscheidet sich für einen CapaCity in Citaro-Kleid mit Überlandfront.
*Pressefoto Daimler AG*

Ein weiterer Kunde, der eine größere Anzahl CapaCity ordert, ist die Stuttgarter SSB. Deren Wagen haben die klassische Stadtlinienfront.
*Pressefoto Daimler AG*

Die CapaCity, die im spanischen Granada zum Einsatz kommen, sind dagegen mit dem Designpack versehen, das ihnen eine ganz eigene Optrik verleiht.
*Pressefoto Daimler AG*

# Tourismo (Baumuster 632)

## Von der günstigen Alternative zur Ablösung des Travego

Ab 2006 erhält das Reiseomnibusprogramm der Marke Mercedes-Benz wieder einmal Zuwachs, und zwar um die zweite Generation des Tourismo. Wie schon die erste Tourismo-Generation ist auch der Neue wieder in der Türkei entwickelt worden und basiert auf dem Travego der zweiten Generation. Von diesem übernimmt der neue Tourismo denn auch Karosseriegrundgerippe und Fahrwerk inklusive der Motoren, wobei zunächst die liegenden Varianten des OM 457 eingebaut werden. Auch muss die Kundschaft im Tourismo auf den Abstandsregel-Tempomat ART verzichten und das Karosseriedesign präsentiert sich natürlich ebenfalls deutlich schlichter. Bei den Scheinwerfern recycelt man gar die alten, bisher im ersten Travego verbauten. Dafür gibt es den Tourismo in einer zusätzlichen Variante, die der Travego nicht bietet, und zwar als zweiachsigen 13-m-Wagen Tourismo M/2. Mit der Einführung des EURO 5-Standards 2007 erfolgt in den Modellen Tourismo M und L die Umstellung auf stehende OM 457 LA-Motoren. Zwei Jahre darauf vergrößert Daimler das Tourismo-Angebot weiter. Ab sofort sind zusätzlich noch die in niedriger Bauweise gehaltenen Modelle Tourismo RH und RH M mit etwas schwächerer Motorisierung erhältlich. Zum Modelljahrgang 2012 erfolgt die Umstellung der kompletten Modellfamilie auf die Common-Rail-Diesel des Typs OM 470 nach EURO 6-Norm. Als unterer Programmabschluss und Ersatz für den O 510 Tourino kommt schließlich 2013 noch der rund 10 m lange Tourismo K ins Programm, den der Sechszylinder OM 936 aus der Familie der Common-Rail-Diesel antreibt. Da der Tourismo den teureren Travego mittlerweile bei den Verkaufszahlen weit überrundet hat, wertet man ihn 2015 durch den Einbau des Notbremsassistenten AEBS noch weiter auf. 2018 löst der Tourismo der dritten Generation die bisher gefertigten RHD-Varianten ab. Die RH-Versionen bleiben dagegen noch bis 2021 im Programm.

| Typ | Tourismo | Tourismo | Tourismo | Tourismo M/2 | Tourismo M/2 | Tourismo M/2 |
|---|---|---|---|---|---|---|
| Motor | OM 457 hLA | OM 457 hLA | OM 470 | OM 457 hLA | OM 457 hLA | OM 470 |
| Zylinder | 6 | 6 | 6 | 6 | 6 | 6 |
| Hubraum in cm³ | 11967 | 11967 | 10677 | 11967 | 11967 | 10677 |
| Leistung in PS | 354 | 354 | 360 | 354 | 354 | 360 |
| L x B x H in mm | 12140 x 2500 x 3620 | 12140 x 2500 x 3620 | 12140 x 2500 x 3620 | 12960 x 2500 x 3620 | 12960 x 2500 x 3620 | 12960 x 2500 x 3620 |
| Radstand in mm | 6080 | 6080 | 6080 | 6900 | 6900 | 6900 |
| Bauzeit | 2006–2008 | 2008–2012 | 2012–2018 | 2007–2008 | 2008–2012 | 2012–2018 |
| Anmerkungen | Motor nach EURO 4-Norm; auf Wunsch auch mit 408 PS, ab 2007 auch mit EURO 5-Motor mit 354 PS | Motor nach EURO 5-Norm; auf Wunsch auch mit 408 PS | Motor nach EURO 6-Norm; auf Wunsch auch mit 394 PS oder 428 PS | Motor nach EURO 4-Norm; auf Wunsch auch mit 408 PS, ab 2007 auch mit EURO 5-Motor mit 354 PS | Motor nach EURO 5-Norm; auf Wunsch auch mit 408 PS | Motor nach EURO 6-Norm; auf Wunsch auch mit 394 PS oder 428 PS |

| Typ | Tourismo M | Tourismo M | Tourismo M | Tourismo M |
|---|---|---|---|---|
| Motor | OM 457 hLA | OM 457 LA | OM 457 LA | OM 470 |
| Zylinder | 6 | 6 | 6 | 6 |
| Hubraum in cm³ | 11967 | 11967 | 11967 | 10677 |
| Leistung in PS | 428 | 428 | 428 | 428 |
| L x B x H in mm | 12960 x 2500 x 3620 | 12960 x 2500 x 3620 | 12960 x 2500 x 3620 | 12960 x 2500 x 3620 |
| Radstand in mm | 6900 + 1350 | 6900 + 1350 | 6900 + 1350 | 6900 + 1350 |
| Bauzeit | 2006 | 2007–2008 | 2008–2012 | 2012–2018 |
| Anmerkungen | Motor nach EURO 4-Norm | Motor nach EURO 4-Norm; auf Wunsch auch Motor nach EURO 5-Norm | Motor nach EURO 5-Norm | Motor nach EURO 6-Norm |

Die zweite Generation des Tourismo basiert auf dem Travego der zweiten Generation, ist aber wie gehabt technisch und optisch deutlich einfacher gestaltet. Die im Werk Hosdere entwickelte Baureihe rollt ab 2006 von den Bändern.

*Pressefotos Daimler AG*

Der Tourismo bietet seinen Fahrgästen zwar nicht so viel Komfort wie der Travego, doch zeigt sich sein Fahrgastraum deswegen nicht minder gediegen gestaltet.

*Pressefoto Daimler AG*

So präsentiert sich das Cockpit im Tourismo der zweiten Generation.

*Pressefoto Daimler AG*

Gleich sechs Tourismo M erhält die Firma Hauser im Jahr 2012. *Pressefoto Daimler AG*

Hier parkt ein Tourismo M des Busunternehmens Baumeister im Berliner Regierungsviertel unweit der schweizerischen Botschaft.
*Foto Alexander Weber*

Spitzenmodell der Tourismo-Familie ist der Tourismo L mit einer Länge von knapp 14 m. Wir sehen ihn hier in seiner letzten Bauform ab 2012 mit EURO 6-Motor, wie an den zusätzlichen Lüftungsöffnungen in der Motorraumklappe zu erkennen ist.
*Pressefoto Daimler AG*

2016 stellt die Daimler AG den Future Bus vor. Dieser autonom fahrende Linienomnibus gibt einen Ausblick darauf, wie sich die Daimler AG den ÖPNV der Zukunft vorstellt. Das Fahrzeug basiert auf dem normalen Citaro C2. Auch wenn es ein reines Erprobungs- und Ausstellungsfahrzeug ist, gibt seine Karosseriegestaltung doch schon einen Ausblick auf den zukünftigen, vollelektrischen eCitaro. *Pressefotos Daimler AG*

Eine lichte Innenraumgestaltung mit Sitzen in Form von Designerstühlen erwartet die Fahrgäste des Future Bus. *Pressefoto Daimler AG*

# CapaCity und CapaCity L (Baumuster 628)

## Der Riese wächst weiter

Die zweite Generation des CapaCity basiert auf dem Citaro C2. Erster Vertreter dieser zweiten CapaCity-Generation ist der 21 m lange CapaCity L, der 2015 vorgestellt wird. Als Antriebsquelle dient dem CapaCity L der Sechszylinder OM 470 nach EURO 6-Norm. *Pressefotos Daimler AG*

*Unten links:* Diese Aufnahme zeigt den Fahrgastraum im Hinterwagen des CapaCity L. *Pressefoto Daimler AG*

*Unten rechts:* Der Fahrerplatz des CapaCity L unterscheidet sich nicht von dem des Citaro C2. *Pressefoto Daimler AG*

Auf Basis des Citaro C2 entsteht 2015 die nächste Generation des CapaCity. Dieser wird zunächst als CapaCity L angeboten und ist in der Länge gegenüber der ersten Generation, die noch parallel weiter gefertigt wird, auf knapp 21 m angewachsen. Karosseriegrundstruktur, Technik und EURO 6-Triebwerke übernimmt der Neue vom Citaro C2. Im Gegensatz zum CapaCity der ersten Generation besitzt der CapaCity L aber nun eine Nachlaufachse mit Einzelradaufhängung. Zudem ist er mit einer neuen Knickwinkelsteuerung, dem so genannten Articulation Turntable Controller ATC ausgerüstet. Dieser regelt die hydraulische Dämpfung des Gelenks abhängig von Lenk- und Knickwinkel sowie Geschwindigkeit und Last, wofür er auf die Daten des CAN-Bus der neuen Elektronikplattform B2E zugreift. Ab 2016 ist der CapaCity der zweiten Generation auch mit 19,7 m Länge, welche nun die Vorgängerversion der ersten Generation endgültig in Rente schickt, zu haben. Seit 2019 erfüllen die in den beiden CapaCity-Varianten verbauten Common-Rail-Diesel des Typs OM 470 die EURO 6D-Norm. Eine Hybrid-Version wie beim Citaro C2 wird im Falle des CapaCity dagegen bis jetzt nicht angeboten.

| Typ | CapaCity L | CapaCity |
|---|---|---|
| Motor | OM 470 | OM 470 |
| Zylinder | 6 | 6 |
| Hubraum in cm³ | 10700 | 10700 |
| Leistung in PS | 360 | 360 |
| L x B x H in mm | 20995 x 2550 x 3095 | 19725 x 2550 x 3095 |
| Radstand in mm | 5900 + 7260 + 1600 | 5900 + 5990 + 1600 |
| Bauzeit | 2015– | 2016– |
| Anmerkungen | Motor nach EURO 6-Norm; auf Wunsch auch mit 394 PS; ab 2019 Motor nach EURO 6D-Norm | Motor nach EURO 6-Norm; auf Wunsch auch mit 394 PS; ab 2019 Motor nach EURO 6D-Norm |

Erster Abnehmer des CapaCity L ist die Hamburger Hochbahn, die wie üblich Fahrzeuge mit glatter Bugblende erhält. *Foto Alexander Weber*

Ab 2016 ist dann auch der etwas kürzere, normale CapaCity zu haben, für den sich die Stuttgarter SSB entscheidet. *Foto Alexander Weber*

# Tourismo (Baumuster 410)

## Das neue Spitzenmodell

Mit der Vorstellung der dritten Generation des Tourismo im Jahr 2017 stellt die Marke Mercedes-Benz ihr Reiseomnibusangebot um, denn der Tourismo ist nun die einzige Baureihe in diesem Segment. Angetrieben wird der neue Tourismo vom EURO 6-Diesel OM 470 mit sechs Zylindern.

*Pressefotos Daimler AG*

Der Fahrgastraum des Tourismo erfüllt mit seiner gediegenen Gestaltung die Ansprüche heutiger Fahrgäste. *Pressefoto Daimler AG*

So präsentiert sich der Arbeitsplatz für den Fahrer im neuen Tourismo.

*Pressefoto Daimler AG*

2017 stellt die Daimler AG das Reiseomnibusprogramm der Marke Mercedes-Benz komplett um. Anstatt parallel ein Budgetmodell in Form des Tourismo und mit dem Travego ein Premiumprodukt anzubieten, übernimmt der Tourismo der dritten Generation, der in vier Versionen angeboten wird, nun beide Rollen. Karosseriegrundgerippe und Fahrwerk basieren dabei auf der gemeinsamen EvoBus-Plattform, die auch die ComfortClass 500 der Marke Setra nutzt. So ist das Gerippe durch verstärkte Ringspanten mit hochfesten Knotenpunkten deutlich stabiler ausgebildet, so dass der neue Tourismo die Anforderungen der verschärften Überschlagsnorm ECE E66.02 erfüllt. Im Frontbereich sorgt dagegen der bereits aus dem Travego der zweiten Generation bekannte Frontaufprallschutz FCG, der an die Norm ECE R29 angelehnt ist, für zusätzliche passive Sicherheit. Dank der Verwendung der neuen Elektronik-Plattform B2E ist es beim neuen Tourismo zudem nun auch möglich, den Abstandsregel-Tempomat ART und den Notbremsassistenten ABA 3 anzubieten, welche bisher nur für den Travego zur Verfügung standen. Für weitere Sicherheit sorgt weiterhin der neue Attention Assist (AtAs), welcher aus verschiedenen Parametern, die er sammelt, die Kondition des Fahrers ermittelt und diesen warnt, wenn die Daten auf Müdigkeit oder Unkonzentriertheit hinweisen.

Bei den Motoren setzt man dagegen auf die bewährten Common-Rail-Diesel des Typs OM 470, wobei für die Zweiachser auf Wunsch auch der günstigere OM 936 geordert werden kann. Diese sind standardmäßig mit MB GO-Sechsgang-Schaltgetrieben mit Servounterstützung kombiniert, als Sonderausstattung kann aber auch ein automatisiertes Achtgang-PowerShift-Getriebe eingebaut werden. Auch das Fahrwerk an sich bietet Bewährtes. So kommt vorne eine ZF-Einzelradaufhängung mit doppelten Dreieckslenkern zum Einbau. Als Antriebsachse dient dagegen eine MB-eigene Banjo-Achse, während bei den Dreiachsern die Nachlaufachse wiederum eine ZF-Einzelradaufhängung mit RAS-Zwangslenkung bildet. Die Karosserie des Tourismo der dritten Generation präsentiert sich gegenüber dem Vorgängermodell vor allem im Frontbereich, aber auch am Heck sichtbar überarbeitet und auch die Seitenlinie frischt eine markante Schwinge deutlich auf. Alles in allem ist es aber eine eher behutsame Evolution der Karosserielinie des alten Tourismo. Ab 2018 ist für die Tourismo-Familie der neue Notbremsassistent ABA 4 mit Fußgängererkennung verfügbar, der ab 2019 zum Serienstandard wird. Gleichzeitig erfüllen die Motoren nun auch die strengere EURO 6D-Abgasnorm. Und nicht zuletzt kommt in Form des Abbiegeassistenten Sideguard Assist ein weiteres Sicherheitsfeature zum Einbau, das beim Abbiegen die Gefahren des toten Winkels deutlich reduziert.

Wie gehabt gibt es die 13-m-Version des Tourismo als Zweiachser Tourismo M/2.
*Pressefoto Daimler AG*

2018 dient dieser Tourismo M/2 Mercedes-Benz Safety Coach als Vorführwagen zur Vorstellung aktuellster Sicherheits- und Assistenzsysteme.
*Pressefoto Daimler AG*

Alternativ ist die 13-m-Version auch als Dreiachser Tourismo M/3 zu haben.
*Pressefotos Daimler AG*

| Typ | Tourismo | Tourismo M/2 | Tourismo M/3 | Tourismo L |
|---|---|---|---|---|
| Motor | OM 470 | OM 470 | OM 470 | OM 470 |
| Zylinder | 6 | 6 | 6 | 6 |
| Hubraum in $cm^3$ | 10677 | 10677 | 10677 | 10677 |
| Leistung in PS | 360 | 360 | 394 | 394 |
| L x B x H in mm | 12295 x 2550 x 3680 | 13115 x 2550 x 3680 | 13115 x 2550 x 3680 | 13935 x 2550 x 3680 |
| Radstand in mm | 6090 | 6910 | 6090 + 1350 | 6910 + 1350 |
| Bauzeit | 2017– | 2017– | 2017– | 2017– |
| Anmerkungen | Motor nach EURO 6-Norm; auf Wunsch auch mit 394 PS oder 428 PS oder 455 PS oder mit OM 936 mit 350 PS; ab 2019 Motor nach EURO 6D-Norm | Motor nach EURO 6-Norm; auf Wunsch auch mit 394 PS oder 428 PS oder 455 PS oder mit OM 936 mit 350 PS; ab 2019 Motor nach EURO 6D-Norm | Motor nach EURO 6-Norm; auf Wunsch auch mit 428 PS oder 455 PS; ab 2019 Motor nach EURO 6D-Norm | Motor nach EURO 6-Norm; auf Wunsch auch mit 428 PS oder 455 PS; ab 2019 Motor nach EURO 6D-Norm |

Hier sehen wir einen Tourismo M/2 des Freiburger Reisedienstes, der im Auftrag von Flixbus unterwegs ist.
*Foto Alexander Weber*

Einen Tourismo M/3 nutzen die Fußballerinnen von Turbine Potsdam als Mannschaftsomnibus. *Pressefoto Daimler AG*

Dieser Tourismo M/3 ist dagegen der Mannschaftsomnibus des SSV Jahn Regensburg. *Pressefoto Daimler AG*

Spitzenmodell der dritten Tourismo-Generation ist der Dreiachser Tourismo L, der es auf eine Länge von rund 14 m bringt. *Pressefoto Daimler AG*

Einer der ersten Tourismo L, die ausgeliefert werden, geht an die Firma Westrich Reisen. *Foto Daniel Ossweiler*

Speziell für den türkischen Markt gibt es eine Superhochdeckerversion des neuen Tourismo, die dort als Travego vermarktet wird. *Pressefoto Mercedes-Benz Türk*

# eCitaro (Baumuster 628)

## Der rein elektrische Stadtlinienomnibus

Auf der IAA 2018 stellt die Daimler AG ihren ersten serienmäßig hergestellten, rein elektrischen Stadtlinienomnibus vor. Der eCitaro basiert dabei, wie sein Name unschwer erkennen lässt, auf dem aktuellen Citaro C2, dessen Karosseriegrundgerippe er übernimmt. Dieses weist dabei die verstärkte Dachstruktur der Versionen mit Erdgas-Antrieb auf, um auf dem Dach die Elektrotechnik unterbringen zu können. Auch das Karosseriedesign übernimmt der eCitaro weitgehend vom Citaro C2, allerdings präsentiert er sich mit einer komplett eigenständigen Frontgestaltung, die sich an den 2016 vorgestellten Future Bus der Marke Mercedes-Benz anlehnt, und auch einer eigenen Dachlinie. Das Fahrwerk des eCitaro, der zunächst nur als Solowagen angeboten wird, wird ebenfalls komplett aus dem Citaro C2 übernommen, lediglich die Antriebsachse ist hier eine Niederflurportal-Achse mit ZF-Radnabenantrieb. Dieser besteht aus zwei Radnabenmotoren mit zusammen rund 340 PS, die ihren Strom von Batterien, die nebst Kühltechnik auf dem Dach untergebracht sind, erhalten. Hierbei kommen zum Serienstart zunächst NMC-Batteriezellen von Akasol mit sechs bis zwölf Modulen zum Einbau. Zusätzlich sind noch vier Batteriemodule im Heck zusammen mit einer Hochtemperaturkühlanlage untergebracht, die den Motorturm aus dem Citaro C2 ausfüllen. Die Aufladung der Batterien kann mittels Ladesteckdose oder durch einen Stromabnehmer erfolgen. Ab 2020 sind NMC-Batterien mit höherem Energieinhalt verfügbar, zugleich können stattdessen jetzt auch Festkörperbatterien verbaut werden. Des Weiteren vergrößert sich das Angebot um den Gelenkwagen eCitaro G, bei dem die Mittelachse wahlweise als antriebslose Portalachse ausgeführt oder ebenfalls mit zwei ZF-Radnabenmotoren versehen werden kann.

| Typ | eCitaro | eCitaro G |
|---|---|---|
| Motor | ZF | ZF |
| Leistung in PS | 340 | 340 |
| L x B x H in mm | 12135 x 2550 x 3400 | 18125 x 2550 x 3400 |
| Radstand in mm | 5900 | 5900 + 5990 |
| Bauzeit | 2018– | 2020– |
| Anmerkungen | | bei angetriebener Mittelachse 640 PS Gesamtleistung aller vier Radnabenmotoren |

Anfang 2018 drehen diese stark getarnten Citaro C2 ihre Runden durch verschiedene Städte und auf Teststrecken. Es sind die Prototypen des vollelektrischen eCitaro.

*Pressefotos Daimler AG*

Seine Premiere hat der eCitaro auf der IAA Nutzfahrzeuge in Hannover im Herbst 2018. Auch wenn er auf dem Citaro C2 basiert, hat er doch ein eigenständiges Karosseriedesign.

*Pressefotos Daimler AG*

Hier blicken wir in den Fahrgastraum des eCitaro.

*Pressefoto Daimler AG*

Der Fahrerplatz orientiert sich stark an dem des normalen Citaro C2.

*Pressefoto Daimler AG*

Neben der zweitürigen Version des eCitaro-Solowagens wird dieser auch als Dreitürer angeboten.
*Pressefotos Daimler AG*

Einer der ersten Kunden für den neuen eCitaro ist die Hamburger Hochbahn, die sich für den Dreitürer entscheidet. *Pressefoto Daimler AG*

Die Berliner BVG wählt dagegen die zweitürige Version des eCitaro.
*Pressefoto Daimler AG*

Auch im Bereich der Überlandlinienomnibusse stellt die Daimler AG ihr Programm zu Beginn der 2020er-Jahre neu auf. So ersetzt der Intouro der dritten Generation als Hochbodenfahrzeug nicht nur sein Vorgängermodell und das Schwesterfahrzeug Integro, sondern auch die entsprechenden Hochboden-Überlandlinienomnibusse der EvoBus-Schwestermarke Setra. Konstruktiv baut der Neue auf derselben Plattform auf wie der Tourismo der dritten Generation, dessen abgewandeltes Karosseriegrundgerippe in niedrigerer Bauform er übernimmt. Die Karosserie selbst ist eine sehr sanfte Weiterentwicklung der bisherigen Linie, die sich vor allem durch die markante, neu gestaltete Front mit dem angedeuteten Kühlergrill im Stile des O 317 auszeichnet. Das Fahrwerk bietet dagegen eher Altbekanntes mit einer ZF-Einzelradaufhängung vorne, einer MB-eigenen Banjo-Hinterachse und beim dreiachsigen Intouro L einer ZF-Nachlaufachse mit Einzelradaufhängung und RAS-Zwangslenkung. Als Antriebsaggregate kommen die EURO 6D-Common-Rail-Diesel des Typs OM 936 in Kombination mit einem servounterstützten MB GO-Sechsganggetriebe, bzw. im Dreiachser der OM 470 zusammen mit einem automatisierten GO-Achtganggetriebe zum Einbau. Ein ZF-EcoLife-Sechsgangautomat oder ein Voith DIWA-Automatikgetriebe mit vier Gängen sind als Sonderausstattung erhältlich. Ganz neu und erstmals überhaupt in einem Omnibus der Marke Mercedes-Benz verfügbar ist dagegen der optionale Notbremsassistent ABA 5, der nun auch bis 50 km/h Höchstgeschwindigkeit mit einer vollautomatischen Notbremsung auf sich bewegende Personen reagieren kann. Zum Modelljahr 2022 ist die Intouro-Familie dann auch noch mit dem aus dem Citaro C2 bekannten Hybrid-Modul als Sonderausstattung verfügbar.

Hier sehen wir einen Intouro in Diensten des Busunternehmens Emile Weber aus Luxemburg. *Foto Michael Mertes*

Rund 13 m lang ist der Zweiachser Intouro M. *Pressefoto Daimler AG*

Kleinstes Modell der neuen Intouro-Familie ist der Intouro K. Dieser wie auch die anderen Modelle sind seit 2022 auch mit einem Hybrid-Modul erhältlich, wie hier zu sehen ist.
*Pressefotos Daimler Truck AG*

Der Dreiachser Intouro L ist dagegen das Spitzenmodell der Baureihe. Dieses Exemplar ist wieder einmal ein Fahrzeug von Emile Weber.
*Foto Michael Mertes*

| Typ | Intouro | Intouro K | Intouro M | Intouro L |
|---|---|---|---|---|
| Motor | OM 936 | OM 936 | OM 936 | OM 470 |
| Zylinder | 6 | 6 | 6 | 6 |
| Hubraum in $cm^3$ | 7698 | 7698 | 7698 | 10700 |
| Leistung in PS | 299 | 299 | 299 | 394 |
| L x B x H in mm | 12180 x 2534 x 3365 | 10745 x 2534 x 3365 | 13090 x 2534 x 3365 | 14880 x 2534 x 3365 |
| Radstand in mm | 6080 | 5270 | 6990 | 7180 + 1600 |
| Bauzeit | 2020– | 2020– | 2020– | 2020– |
| Anmerkungen | Motor nach EURO 6D-Norm | Motor nach EURO 6D-Norm | Motor nach EURO 6D-Norm | Motor nach EURO 6D-Norm |

# Tourrider (Baumuster 410)

## Der Omnibus für den nordamerikanischen Markt

Nach Jahrzehnten der Abwesenheit, in denen die EvoBus-Schwestermarke Setra den nordamerikanischen Markt abgedeckt hat, kehrt Mercedes-Benz 2021 mit dem Tourrider auf diesen Markt zurück. Für den Antrieb im neuen Modell sorgt der Sechszylinder OM 471, der der US-amerikanischen Abgasnorm EPA 10 entspricht. *Pressefotos Daimler AG*

Den Tourrider gibt es in zwei Ausstattungsvarianten. Hier blicken wir in den Fahrgastraum der etwas „einfacheren" Business-Version. *Pressefoto Daimler AG*

Der Arbeitsplatz des Fahrers im Tourrider Business gleicht dem im Tourismo für den europäischen Markt. *Pressefoto Daimler AG*

Lange Zeit war die Daimler AG auf dem nordamerikanischen Omnibusmarkt nur mit der Marke Setra vertreten. Sinkende Verkaufszahlen der mittlerweile in die Jahre gekommenen Setra-Modelle TopClass S 417 und ComfortClass S 407 sowie die Tatsache, dass die Kundschaft dort schon lange einen Omnibus mit dem Stern an der Front gefordert hatte, führten schnell zu der Erkenntnis, dass ein Nachfolger von Mercedes-Benz kommen wird. Dieser wird 2021 in Form des Dreiachsers Tourrider schließlich vorgestellt, den es in den Versionen Business und Premium gibt. Die Basis für den Neuen liefert wieder einmal der Tourismo der dritten Generation, wobei dessen beim Tourrider komplett aus Edelstahl gefertigtes Karosseriegrundgerippe hier in SHD-Bauweise und deutlich breiter gehalten ist. Zudem weist es verstärkte Seitenwandanbindungen auf, um kommenden US-Richtlinien zur Überschlagsicherheit zu entsprechen. Auch die Karosserie übernimmt der Tourrider weitgehend vom Tourismo, präsentiert sich aber vor allem an der Front mit dem massiven Stoßfänger, der auch am Heck zu finden ist, und dem vom Intouro bekannten Kühlergrill eigenständig gestaltet. Das Fahrwerk inklusive Sicherheitstechnik

In der höherwertigen Ausstattungslinie Premium unterscheidet sich der Tourrider schon äußerlich durch andere Scheinwerfer von der Business-Version. *Pressefotos Daimler AG*

Der Fahrgastraum im Tourrider Premium ist noch höherwertiger ausgestaltet als im Business-Modell. *Pressefoto Daimler AG*

Und auch der Fahrerplatz mit Holzeinlagen im Lenkrad kommt im Premium luxuriöser daher. *Pressefoto Daimler AG*

| Typ | Tourrider Business | Tourrider Premium |
|---|---|---|
| Motor | OM 471 | OM 471 |
| Zylinder | 6 | 6 |
| Hubraum in $cm^3$ | 12800 | 12800 |
| Leistung in PS | 450 | 450 |
| L x B x H in mm | 13920 x 2600 x 3685 | 13920 x 2600 x 3745 |
| Radstand in mm | 7315 + 1350 | 7315 + 1350 |
| Bauzeit | 2021– | 2021– |
| Anmerkungen | Motor nach EPA 10-Norm | Motor nach EPA 10-Norm |

stammt ebenfalls weitgehend aus dem Tourismo, allerdings verfügt der Tourrider bereits über den Notbremsassistenten ABA 5. Für den Antrieb sorgt schließlich der Common-Rail-Sechszylinder OM 471, der dank Abgasrückführung und SCR-T die amerikanische Abgasnorm EPA 10 erfüllt. Er überträgt seine Kraft mittels Allison-Sechsgang-Wandlerautomatik auf die Banjo-Antriebsachse. Vorder- und zwangsgelenkte Nachlaufachse weisen wie gehabt Einzelradaufhängung auf.

Hier sehen wir einen Tourrider Premium auf einer Pressefahrt durch die USA. *Pressefoto Daimler Truck AG*

# O 319 und O 319 D (Baumuster 319)

## Der Start ins Minibuszeitalter

Zu Beginn der 1950er-Jahre starten bei Daimler-Benz erste Planungen für einen Transporter als unteren Abschluss des Nutzfahrzeugprogramms. Von dem zu Beginn noch als L 1700 bezeichneten Zweitonner soll es auch eine Minibusversion geben, die entsprechend als O 1700 geführt wird. Auf der IAA 1955 hat die neue Baureihe dann ihre Premiere, nun allerdings unter den Typenbezeichnungen L 319 bzw. als Omnibus O 319. Der 319 ist ein Frontlenker im typisch rundlichen Design der 1950er-Jahre mit Panoramafrontscheibe und einer Kühlermaske im Stile der großen Frontlenker-Lastwagen der Marke Mercedes-Benz. Er ist eine halbselbsttragende Konstruktion, die auf einer gitterförmigen Rahmenbodenanlage, ähnlich der der zeitgleich produzierten Ponton-Personenwagen, basiert. An dieser ist die als Banjoachse ausgeführte, hintere Antriebsachse mittels Halbelliptikfedern aufgehängt und mit hydraulischen Teleskopstoßdämpfern versehen. Die Vorderachse wiederum, die eine ebenfalls blattgefederte Faustachse mit Teleskopstoßdämpfern ist, bildet mit Motor, Getriebe und Kugelumlauflenkung einen Fahrschemel. Dieser Hilfsrahmen ist dann seinerseits über leicht lösbare Verbindungen am eigentlichen Bodenrahmen befestigt. Als Motoren stehen die aus den Ponton-Personenwagen bekannten Reihenvierzylinder M 121 und OM 636 zur Verfügung, an die ein Daimler-eigenes, synchronisiertes Vierganggetriebe direkt angeflanscht ist. Sicher zum Stehen bringt den 319er eine hydraulische Vierradinnenbackenbremse mit ATE-Bremshilfe, als Handbremse ist eine auf die Hinterräder wirkende Stockhandbremse vorhanden. Die Produktion des O 319, für den verschiedene Karosserievarianten mit und ohne Dachrandverglasung und mit unterschiedlichen Bestuhlungen und Türtypen zur Verfügung stehen, startet 1956 zunächst mit der Diesel-Version, bis dann ab 1957 auch die Version mit dem M 121-Benzinmotor erhältlich ist. Zum Modelljahr 1961 ersetzt beim O 319 D der neue Selbstzünder OM 621 das bisher verbaute Triebwerk, während der M 121 im O 319 eine Leistungssteigerung erfährt. Gleichzeitig verlegt Daimler-Benz die Fertigung vom Werk Mannheim ins ehemalige Auto

*Links:* Bereits Anfang der 1950er-Jahre starten bei Daimler-Benz die Planungen für einen Transporter und einen davon abgeleiteten Minibus. Aus dem Jahr 1953 datiert dieses 1:1-Modell des damals noch als O 1700 titulierten Fahrzeugs, das noch weit vom späteren Serienmodell entfernt ist.

*Unten links:* 1955 entsteht ein weiterer Prototyp des O 1700 mit deutlich gefälligeren Formen.

*Unten rechts:* Testfahrten führen den O 1700-Prototyp auf die engen Serpentinen am Stilfser Joch.

Zweifarblackierung, verchromte Radkappen, Weißwandreifen und eine bequeme Bestuhlung kennzeichnen diese Luxusversion des O 319.

Diese seltene Farbaufnahme eines O 319 in Luxusversion ist auf dem Hof des Werkes Mannheim entstanden. *Sammlung Alexander Weber*

Mit besonders bequemer Reisebestuhlung und einem Dachgepäckträger ist dieser O 319 ausgestattet.

| Typ | **O 319** | **O 319** | **O 319 D** | **O 319 D** |
|---|---|---|---|---|
| Motor | M 121 B III | M 121 | OM 636 VII | OM 621 |
| Zylinder | 4 | 4 | 4 | 4 |
| Hubraum in $cm^3$ | 1897 | 1897 | 1767 | 1988 |
| Leistung in PS | 65 | 80 | 43 | 50 |
| L x B x H in mm | 4820 x 2080 x 2280 | 4820 x 2080 x 2280 | 4820 x 2080 x 2280 | 4820 x 2080 x 2280 |
| Radstand in mm | 2850 | 2850 | 2850 | 2850 |
| Bauzeit | 1957–1964 | 1965–1968 | 1956–1961 | 1961–1968 |
| Anmerkungen | ab 1961 mit 68 PS | | | ab 1964 mit 55 PS |

Dieser O 319 in Reiseausführung der Firma Dannemann befördert für ein Werbefoto eine Schülergruppe.

Der O 319 kommt auch als Behördenfahrzeug zum Einsatz. Hier sehen wir ihn als Mannschaftswagen der Polizei (links) und als Mannschaftstransportfahrzeug der Freiwilligen Feuerwehr der Stadt Weinheim (rechts).

Für preisbewusste Kunden ist der O 319
auch ohne Dachrandverglasung erhältlich.

Der Minibus bietet sich natürlich auch als ideale Grundlage für ein Campingmobil an, wobei die Küchenzeile im Heck mit ihrem Kühlschrank zusätzliche Lüftungsöffnungen nötig macht. Das Fahrzeug ist in den USA unterwegs, wie man am Kennzeichen sieht.

Diese drei Aufnahmen gewähren Einblicke in den Innenraum des O 319-Campingmobils, das zwei Personen ausreichend Platz bietet.

1964 fertigt das Werk Düsseldorf den Prototyp eines O 319 in Langversion. Zu einer Serienfertigung kommt es allerdings nicht mehr, da der Nachfolger O 309 schon in den Startlöchern steht.

Ein Hotel auf den Bahamas nutzt einen O 319 als Shuttlebus für seine Gäste, was dem Exportnachrichtendienst von Daimler-Benz eine Meldung wert ist.

Hier sehen wir einen O 319 in Rechtslenkerversion für den Export.

In Schweden gilt in den 1950er-Jahren noch Linksverkehr, weshalb dieser O 319 Linienomnibus als Rechtslenker ausgeführt ist.

Die Chromzierleisten und die Nebelscheinwerfer sind für die weite Reise schon mit Schutzfolien versehen. „The Overlander" wird nämlich von Mannheim nach Melbourne verschifft werden.

Verstärkte Stoßfänger weist dieser O 319 Linienomnibus aus einem Exportauftrag für Chile auf.

Auf diesem Foto hat der Werksfotograf einen O 319 für Honduras festgehalten.

Im winterlichen Düsseldorf ist 1960 diese Aufnahme eines recht schlicht gehaltenen O 319 für den Export nach Indonesien entstanden.

Dieser O 319 im Zebra-Look ist in einem Nationalpark in Afrika unterwegs, um Besuchergruppen die dortige Tierwelt zu zeigen. Er hat einen speziellen Aufbau eines lokalen Aufbauherstellers mit einem Tropendach.

1959 entsteht diese USA-Version des O 319 mit den damals typischen Zusatzleuchten auf dem Dach.

In der kanadischen Provinz Ontario kommt der O 319 als Schulbus zum Einsatz.

1958 erhält die Hamburger Hochbahn eine Serie von 25 O 319 mit speziellen Citybus-Aufbauten von Binz.

Ein weiteres Beispiel eines Binz Citybus auf Basis des O 319 sehen wir hier.

Auch Vetter bietet auf dem O 319-Chassis einen Citybus-Aufbau an.

Dieser Vetter Citybus geht an die Hamburger Hochbahn.

Vetter nutzt den O 319 auch als Grundlage für Reiseomnibusse.
*Werksfoto Vetter – Sammlung Alexander Weber*

Diesen O 319 Reiseomnibus mit etwas barocken Formen hat Ernst Auwärter geschaffen.
*Werksfoto E. Auwärter – Sammlung Alexander Weber*

Ende der 1950er-Jahre werden auch bei Ernst Auwärter die Formen deutlich eckiger, wie an diesem O 319 für das Reisebüro Olwexer zu sehen ist.
*Werksfoto E. Auwärter – Sammlung Alexander Weber*

Hier sehen wir einen frühen Drögmöller-Entwurf für einen Reiseomnibus auf dem O 319-Chassis.
*Werksfoto Drögmöller – Sammlung Alexander Weber*

Wie Ernst Auwärter setzt auch Drögmöller später auf eine eher eckige Karosserielinie.
*Werksfoto Drögmöller – Sammlung Alexander Weber*

1965 entsteht in Abidjan an der Elfenbeinküste auf Basis eines umgebauten L 319-Transporters dieser Minibus mit Hochdach.
*Sammlung Alexander Weber*

Der griechische Importeur der Marke Mercedes-Benz, die Firma Biamax in Athen, die auch als Karosseriebauer tätig ist, hat für den O 319 diesen Linienomnibus-Aufbau im Programm.

# O 309 und O 309 D (Baumuster 309, 310, 313)

## Der erste echte Düsseldorfer

1966 stellt Daimler-Benz den Nachfolger des 319ers vor. Von dem später nach seinem Produktionsort gemeinhin als DüDo oder aber auch als T 2, da er der zweite Großraumtransporter der Marke Mercedes-Benz ist, bezeichneten Fahrzeug gibt es natürlich auch wieder eine Minibusversion, die die Typenbezeichnung O 309 bzw. O 309 D trägt. Das Rückgrat der Konstruktion bildet ein klassischer Leiterrahmen mit U-förmigen Längsträgern in Fischbauchform, der die Nähe zum Lastwagen deutlich anzeigt. Am Rahmen sind die vordere Faustachse mit Kugelumlauflenkung und die hintere Banjo-Antriebsachse, welche bei den Versionen mit langem Radstand über ein verstärktes Achsmittelstück und verstärkte eingepresste Tragrohre und Radlager verfügt, mittels Blattfedern aufgehängt. Wie beim Vorgängermodell verfügen beide Achsen über hydraulische Teleskopstoßdämpfer, allerdings sorgen beim O 309 an der Hinterachse neuentwickelte Spreizfedern und Gummihohlfedern für einen deutlich verbesserten Federungskomfort. Als Triebwerke stehen zunächst die bekannten Motoren M 121 und OM 621 mit angeflanschtem Viergang-Synchrongetriebe und Mehrscheibentrockenkupplung zur Verfügung, die stehend im Rahmen eingebaut sind. Als Bremssystem dient ein hydraulisches Zweikreis-Bremssystem mit Duo-Servo-Bremsen an allen vier Rädern und eine auf die Hinterräder wirkende Stockhandbremse. Beim O 309 D kann zusätzlich noch eine Motor-

Der Nachfolger des O 319 ist der O 309, der auf der neuen T 2-Transporterfamilie basiert und ab 1966 erhältlich ist. 1965 entsteht in der Versuchsabteilung in Sindelfingen dieser Prototyp, der dem späteren Serienmodell schon weitgehend entspricht.

Zum Produktionsstart ist der O 309 in zwei Aufbauhöhen und zwei Fahrgestelllängen verfügbar. Hier sehen wir die Version mit kurzem Radstand und hoher Karosserie.

1971 versieht die Firma Behr einen O 309 mit einer recht voluminösen Dachklimaanlage.

Auf diesen beiden Aufnahmen ist der O 309 mit 3500 mm Radstand zu sehen. Diese Langversion ist nur mit hohem Aufbau erhältlich.

Hier hat man einen langen O 309 des Omnibusverkehr Schaible für eine Werbeaufnahme in Szene gesetzt.

Aus dem Jahr 1967 stammt dieser lange O 309 „Safari Liner" in einer Spezialversion mit Zusatzbelüftung.

Auch den O 309 mit 3500 mm Radstand gibt es mit einer Dachklimaanlage von Behr. Dieses Exemplar mit Komfortbestuhlung kommt als Reiseomnibus zum Einsatz.

Die Stuttgarter Polizei nutzt den O 309 als Mannschaftswagen, wobei die Szenerie dieses Pressefotos schon reichlich gestellt wirkt. *Sammlung Alexander Weber*

bremse eingebaut werden. Zum Produktionsstart des O 309 und O 309 D sind beide Modelle mit kurzem Radstand in zwei Aufbauhöhen sowie in einer Version mit langem Radstand und hohem Aufbau lieferbar. Die Aufbauten an sich präsentieren sich zeittypisch nüchtern in extremer Kurzhauberbauweise. Nach nur einem Jahr ersetzt Daimler-Benz die bisher verbauten Motoren durch die neuen, leistungsstärkeren Triebwerke M 115 und OM 612. Für den O 309 D gibt es zudem noch den 80 PS starken Vierzylinder OM 314 als weitere Motorisierungsoption und die Version mit langem Radstand ist ab Ende 1968 auch mit erhöhtem Dach und somit rund 1900 mm Innenraumhöhe erhältlich. 1974 wird der M 115 des O 309 auf 90 PS Leistung gebracht und der O 309 D in der schwachen Motorisierung erhält abermals ein neues Antriebsaggregat, und zwar den OM 616 mit nun 65 PS. Gleichzeitig erweitert sich das Angebot des O 309 D um eine Langversion mit 4100 mm Radstand. Angetrieben werden diese Langversionen, die intern die Baumusternummer 310 tragen, ausschließlich vom Vierzylinder OM 314. Drei Jahre darauf erfährt die komplette Modellfamilie eine erste, sanfte Modellpflege, in deren Rahmen sie neue, nun an der Karosserie angebrachte Rückleuchten, Stoßfänger mit Gummileisten und ein neues Armaturenbrett erhält. Zudem kommt noch der auf 2450 mm Breite angewachsene O 309 D breit neu ins Pro-

Einen weiteren Mannschaftswagen sehen wir hier. Dieser basiert allerdings auf dem Lieferwagen L 508 D und gehört zum Fuhrpark des Bundesgrenzschutzes, dem Vorgänger der heutigen Bundespolizei.

Da die Innenraumhöhe selbst im O 309 mit dem hohen Aufbau recht begrenzt ist, fertigt der Versuch in Sindelfingen 1967 diesen Musterwagen mit Hochdach und 1900 mm Innraumhöhe.

Das Fahrzeug wird in der Folge im internen Werksverkehr eingesetzt.

gramm, der durch den vergrößerten Innenraum deutlich mehr Komfort für die Fahrgäste bietet. Optisch ist dieses neue Modell allerdings eher wenig gelungen, denn der verbreitete Aufbau verleiht dem O 309 D breit ein recht moppeliges Aussehen. Nicht zuletzt bringt der Modelljahrgang auch noch einen neuen Motor. Für den O 309 D mit 3500 und 4100 mm Radstand und den O 309 D breit steht als Spitzenmotorisierung ab sofort der Reihensechszylinder OM 352 zur Verfügung, wobei die entsprechend motorisierten Fahrzeuge intern unter dem neuen Baumuster 313 geführt werden. 1981 erhält die Modellfamilie dann ein zweites Facelift, das an dem breiten, schwarzen Kunststoffkühlergrill und dem neuen vergrößerten, ebenfalls aus Kunststoff gefertigten Stoßfänger deutlich zu erkennen ist. Im Jahr darauf erfahren die Benziner-Modelle noch eine letzte Überarbeitung. So ersetzt ab sofort der M 102 mit 95 PS den bisher verbauten M 115. In dieser Form bleibt die Baureihe noch bis 1987 in Produktion, bevor sie im Jahr darauf die Baureihe O 600 ablöst.

Nicht unerwähnt bleiben soll an dieser Stelle, dass es den O 309 zwischen 1971 und 1974 als Typ F 45-O auch unter dem Markennamen Hanomag-Henschel gab. Die Fahrzeuge liefen neben den normalen O 309 in Düsseldorf vom Band und unterschieden sich von diesen lediglich durch die modifizierte Kühlerblende und die geänderten Scheinwerfer.

Ab Ende 1968 ist das Hochdach dann für den O 309 mit 3500 mm Radstand serienmäßig verfügbar.

Mit einem Dachgepäckträger und bequemer Reisebestuhlung ist dieser O 309 mit 3500 mm Radstand und Hochdach versehen.

Hier hat man einen O 309 zum Sparkassenmobil umgebaut.

Die Berufsfeuerwehr in Duisburg nutzt einen O 309 mit Hochdach als Einsatzleitwagen.

Ab 1974 ist der O 309 D auch in einer Langversion mit 4100 mm Radstand erhältlich.

Im Jahr darauf bietet Daimler-Benz den O 309 auch als Stadtlinienomnibus an. Das Fahrzeug wird aber ein Prototyp bleiben.

Die komplette O 309-Familie erfährt 1977 ein leichtes Facelift, was äußerlich an den neuen Stoßfängern mit Gummileisten und den Einkammerrückleuchten, die nun an der Karosserie angebracht sind, erkennbar ist, wie an diesem O 309 mit 3500 mm Radstand und Hochdach der Bundeswehr zu sehen.

4100 mm Radstand weist der O 309 D Reisewagen mit dem 1977er-Facelift auf, der hier abgebildet ist.

Misr Travel in Ägypten ist ein Großkunde bei Daimler-Benz und ordert auch den O 309 D in Langversion.

1979 ergänzt der O 309 D breit das Programm weiter. Die auf 2450 mm Breite angewachsene Karosserie ist der Optik des Wagens nicht gerade zuträglich.

### Baumuster 309

| Typ | O 309 | O 309 | O 309 | O 309 | O 309 | O 309 |
|---|---|---|---|---|---|---|
| Motor | M 121 | M 121 | M 115 | M 115 | M 102 | M 102 |
| Zylinder | 4 | 4 | 4 | 4 | 4 | 4 |
| Hubraum in $cm^3$ | 1897 | 1897 | 2197 | 2197 | 2299 | 2299 |
| Leistung in PS | 68 oder 80 | 68 oder 80 | 75 oder 85 | 75 oder 85 | 95 | 95 |
| L x B x H in mm | 5040 x 2100 x 2390 | 5040 x 2100 x 2540 | 5040 x 2100 x 2390 | 5040 x 2100 x 2540 | 5040 x 2100 x 2390 | 5040 x 2100 x 2540 |
| Radstand in mm | 2950 | 2950 | 2950 | 2950 | 2950 | 2950 |
| Bauzeit | 1967 | 1967 | 1968–1982 | 1968–1982 | 1982–1987 | 1982–1987 |
| Anmerkungen | Innenhöhe: 1600 mm | Innenhöhe: 1750 mm | Innenhöhe: 1600 mm; ab 1974 mit 90 PS | Innenhöhe: 1750 mm; ab 1974 mit 90 PS | Innenhöhe: 1600 mm | Innenhöhe: 1750 mm |

### Baumuster 309

| Typ | O 309 | O 309 | O 309 | O 309 | O 309 |
|---|---|---|---|---|---|
| Motor | M 121 | M 115 | M 115 | M 102 | M 102 |
| Zylinder | 4 | 4 | 4 | 4 | 4 |
| Hubraum in $cm^3$ | 1897 | 2197 | 2197 | 2299 | 2299 |
| Leistung in PS | 68 oder 80 | 75 oder 85 | 75 oder 85 | 95 | 95 |
| L x B x H in mm | 5990 x 2100 x 2540 | 5990 x 2100 x 2540 | 5990 x 2100 x 2690 | 5990 x 2100 x 2540 | 5990 x 2100 x 2690 |
| Radstand in mm | 3500 | 3500 | 3500 | 3500 | 3500 |
| Bauzeit | 1967 | 1968 – 1982 | 1968 – 1982 | 1982 – 1987 | 1982 – 1987 |
| Anmerkungen | Innenhöhe: 1750 mm | Innenhöhe: 1750 mm; ab 1974 mit 90 PS | Innenhöhe: 1900 mm; ab 1974 mit 90 PS | Innenhöhe: 1750 mm | Innenhöhe: 1900 mm |

Hier sehen wir einen O 309 D in Langversion in einer Spezialausführung für den Rollstuhltransport in Kuwait.
*Sammlung Alexander Weber*

Ein zweites Facelift im Jahr 1981 bringt der O 309-Familie eine wuchtige, neue Kühlerblende aus schwarzem Kunststoff, die sich über die gesamte Fahrzeugfront zieht.

Auch der O 309 D breit wird ab 1981 mit der neuen Kühlerblende versehen.

Da man den O 309 auch in die USA exportieren will, entsteht 1968 eine spezielle Version, die den dortigen Zulassungsvorschriften entspricht.

**Baumuster 309**

| Typ | O 309 D | O 309 D | O 309 D | O 309 D | O 309 D | O 309 D | O 309 D | O 309 D |
|---|---|---|---|---|---|---|---|---|
| Motor | OM 621 | OM 621 | OM 615 | OM 615 | OM 616 | OM 616 | OM 314 | OM 314 |
| Zylinder | 4 | 4 | 4 | 4 | 4 | 4 | 4 | 4 |
| Hubraum in cm³ | 1988 | 1988 | 2197 | 2197 | 2376 | 2376 | 3782 | 3782 |
| Leistung in PS | 55 | 55 | 60 | 60 | 65 | 65 | 80 | 80 |
| L x B x H in mm | 5040 x 2100 x 2390 | 5040 x 2100 x 2540 | 5040 x 2100 x 2390 | 5040 x 2100 x 2540 | 5040 x 2100 x 2390 | 5040 x 2100 x 2540 | 5040 x 2100 x 2390 | 5040 x 2100 x 2540 |
| Radstand in mm | 2950 | 2950 | 2950 | 2950 | 2950 | 2950 | 2950 | 2950 |
| Bauzeit | 1967 | 1967 | 1968–1974 | 1968–1974 | 1974–1987 | 1974–1987 | 1968–1987 | 1968–1987 |
| Anmerkungen | Innenhöhe: 1600 mm | Innenhöhe: 1750 mm | Innenhöhe: 1600 mm | Innenhöhe: 1750 mm | Innenhöhe: 1600 mm; ab 1982 mit 70 PS | Innenhöhe: 1750 mm; ab 1982 mit 70 PS | Innenhöhe: 1600 mm; ab 1970 mit 85 PS | Innenhöhe: 1750 mm; ab 1970 mit 85 PS |

**Baumuster 309**

| Typ | O 309 D | O 309 D | O 309 D | O 309 D | O 309 D | O 309 D | O 309 D |
|---|---|---|---|---|---|---|---|
| Motor | OM 621 | OM 615 | OM 615 | OM 616 | OM 616 | OM 314 | OM 314 |
| Zylinder | 4 | 4 | 4 | 4 | 4 | 4 | 4 |
| Hubraum in cm³ | 1988 | 2197 | 2197 | 2376 | 2376 | 3782 | 3782 |
| Leistung in PS | 55 | 60 | 60 | 65 | 65 | 80 | 80 |
| L x B x H in mm | 5990 x 2100 x 2540 | 5990 x 2100 x 2540 | 5990 x 2100 x 2690 | 5990 x 2100 x 2540 | 5990 x 2100 x 2690 | 5990 x 2100 x 2540 | 5990 x 2100 x 2690 |
| Radstand in mm | 3500 | 3500 | 3500 | 3500 | 3500 | 3500 | 3500 |
| Bauzeit | 1967 | 1968–1974 | 1968–1974 | 1974–1987 | 1974–1987 | 1968–1987 | 1968–1987 |
| Anmerkungen | Innenhöhe: 1750 mm | Innenhöhe: 1750 mm | Innenhöhe: 1900 mm | Innenhöhe: 1750 mm; ab 1982 mit 70 PS | Innenhöhe: 1900 mm; ab 1982 mit 70 PS | Innenhöhe: 1750 mm; ab 1970 mit 85 PS | Innenhöhe: 1900 mm; ab 1970 mit 85 PS |

*Links oben und unten:* Dieser O 309 für die USA besitzt zusätzlich noch eine Dachklimaanlage von Behr.

*Unten:* Auch hier sehen wir einen O 309 in der Exportversion für die USA. Das Foto stammt aus dem Jahr 1972 und Behr hat die Klimatechnik auf dem Dach des Fahrzeugs mittlerweile weiterentwickelt.

### Baumuster 310

| Typ | **O 309 D** | **O 309 D** | **O 309 D breit** |
|---|---|---|---|
| Motor | OM 314 | OM 314 | OM 314 |
| Zylinder | 4 | 4 | 4 |
| Hubraum in cm³ | 3782 | 3782 | 3782 |
| Leistung in PS | 85 | 85 | 85 |
| L x B x H in mm | 6940 x 2100 x 2650 | 6940 x 2100 x 2800 | 6955 x 2450 x 2800 |
| Radstand in mm | 4100 | 4100 | 4100 |
| Bauzeit | 1974–1987 | 1974–1987 | 1979–1987 |
| Anmerkungen | Innenhöhe: 1750 mm | Innenhöhe: 1900 mm | Innenhöhe: 1930 mm |

### Baumuster 313

| Typ | **O 309 D** | **O 309 D** | **O 309 D** | **O 309 D breit** |
|---|---|---|---|---|
| Motor | OM 352 | OM 352 | OM 352 | OM 352 |
| Zylinder | 6 | 6 | 6 | 6 |
| Hubraum in cm³ | 5675 | 5675 | 5675 | 5675 |
| Leistung in PS | 130 | 130 | 130 | 130 |
| L x B x H in mm | 5990 x 2100 x 2540 | 6940 x 2100 x 2650 | 6940 x 2100 x 2800 | 6955 x 2450 x 2800 |
| Radstand in mm | 3500 | 4100 | 4100 | 4100 |
| Bauzeit | 1977–1987 | 1977–1987 | 1977–1987 | 1979–1987 |
| Anmerkungen | Innenhöhe: 1750 mm | Innenhöhe: 1750 mm | Innenhöhe: 1900 mm | Innenhöhe: 1930 mm |

*Oben links:* Zwischen 1971 und 1974 rollt der O 309 in Düsseldorf auch als Hanomag-Henschel F 45-O von den Bändern. Er unterscheidet sich von seinen Mercedes-Benz-Brüdern nur durch die Kühlerblende.
*Sammlung Alexander Weber*

*Oben rechts:* Das T 2-Chassis ist eine beliebte Basis für Aufbauhersteller. So setzt Deansgate auf den L 406 D diesen Linienaufbau.

*Mitte:* Hier sehen wir dagegen einen L 608 D mit Karosserie von Alexander. *Sammlung Alexander Weber*

*Unten:* Diese beiden T 2 im südafrikanischen Durban hat ein lokaler Karosseriebauer mit Linienaufbauten versehen.

Recht rustikal wirkt der Minibus mit malaysischem Aufbau auf einem L 406 D-Fahrgestell, den wir hier sehen.

Ein L 508 D-Chassis dient hier einem Minibus als Basis. Die Karosserie hat ein französischer Aufbauhersteller geschaffen.

Im norditalienischen Udine hat die Carrozzeria Sora ihren Sitz, die der Urheber dieses Minibusses auf L 508 D-Basis ist. *Sammlung Alexander Weber*

Auch der bekannte Omnibusbauer Orlandi aus Modena bietet einen Aufbau für das T 2-Fahrwerk – in diesem Falle ein L 608 D – an.

*Werksfoto Orlandi – Sammlung Alexander Weber*

Einen T 2 mit Aufbau von Ernst Auwärter sehen wir auf diesem Farbfoto.

*Werksfoto E. Auwärter – Sammlung Alexander Weber*

Im kantigen Stil der späten 1960er-Jahre ist der Drögmöller-Aufbau für das T 2-Fahrwerk gehalten.
*Werksfoto Drögmöller – Sammlung Alexander Weber*

Auch Vetter nutzt natürlich den T 2 für Minibuskreationen. Dieses Exemplar ist nach 1981 entstanden, wie man an der Kühlerblende erkennt.
*Werksfoto Vetter – Sammlung Alexander Weber*

Hier sehen wir einen L 613 D mit Linienomnibus-Aufbau von Vetter.
*Werksfoto Vetter – Sammlung Alexander Weber*

Auch im Werk São Bernardo do Campo der Mercedes-Benz do Brasil rollt der T 2 von den Bändern und dient wie dieser L 608 D lokalen Aufbauherstellern – hier Caio – als Basis für Minibusse.
*Sammlung Alexander Weber*

Bei diesem Marcopolo Junior verrät nur noch die Typenplakette an der Front, dass unter dem Blech ein L 608 D aus brasilianischer Fertigung steckt.
*Sammlung Alexander Weber*

# 308, 310, 307 D, 308 D, 309 D und 310 D (Baumuster 602)

## Die Bremer Minibusse

Als Nachfolger der leichten Transporter aus dem Hanomag-Henschel-Erbe und als unteren Programmabschluss präsentiert Daimler-Benz 1977 eine komplett neue Transporter-Familie, die gemeinhin auch als TN oder T 1 oder nach ihrem Produktionsort Bremer Transporter genannt wird. Die Basis der Konstruktion, die ursprünglich als Gemeinschaftsprojekt mit VW geplant gewesen war, ist ein stabiler Leiterrahmen mit einer Faustvorderachse mit Zahnsegment-Lenkung und einer Hypoid-Hinterachse. Die Federung übernehmen dabei an der Vorderachse Parabelfedern, an der Hinterachse dagegen Trapezfedern. An beiden Achsen sind Teleskopstoßdämpfer vorhanden, ein Drehstabstabilisator kommt nur an der Vorderachse serienmäßig zum Einbau, kann aber auch an der Hinterachse als Sonderausstattung geordert werden. Als Antriebsaggregate werden Reihenvierzylinder-Diesel oder -Benziner verbaut, an die ein synchronisiertes Fünfganggetriebe mit Einscheibentrockenkupplung direkt angeflanscht ist. Auf Wunsch kann aber auch ein Daimler-eigener Viergangautomat zur Anwendung kommen. Beim Bremssystem setzt man auf eine Zweikreis-Hydraulik mit Unterdruckunterstützung als Betriebs- und eine mechanische, auf die Hinterräder wirkende Handbremse. Der TN ist als Kurzhauber konzipiert, dessen charakteristische, eckige Karosserie aus der Feder des bekannten Industriedesigners Stefan Heiliger stammt. Auch wenn er von Anfang an auch als so genannter Kombi-Transporter für die Personenbeförderung angeboten wird, dauert es bis 1980, als die Fertigung der Baureihe parallel auch in Düsseldorf startet, bis er als Omnibus der Marke Mercedes-Benz angeboten wird. Hierbei sind allerdings offiziell nur die Dreitonner des Baumusters 602 als Benziner des Typs 308 und als Diesel 307 D erhältlich, die es mit kurzem und langem Radstand und jeweils mit oder ohne Hochdach gibt. Die leichteren Zweitonner des Baumusters 601 fertigt Daimler-Benz zwar auch als Kombi-Transporter, vermarktet diese aber nicht als Omnibusse, wobei sie auf Anfrage trotzdem auch als solche erhältlich sind. Zum Modelljahrgang 1982 fallen die Versionen mit kurzem Radstand aus dem Omnibusprogramm und bei den Benzinern ersetzt der Typ 310 mit dem Vierzylinder M 102 den bisher gebauten Typ 308. Bei den Dieselmodellen ergänzt dagegen erst 1984 der 309 D mit dem OM 617 unter der Haube das Angebot weiter und löst Ende 1985, als die Produktion des TN vollständig nach Düsseldorf verlagert wurde, den 307 D endgültig ab. 1989 erhält die komplette Modellfamilie dann ein leichtes Facelift, das an den Kunststoffleisten an den A-Säulen, welche die Aerodynamik verbessern sollen, und neuen Stoßfängern erkenntlich ist. Gleichzeitig schickt man bei den Diesel-Modellen den 309 D in Rente und bietet stattdessen die Typen 308 D mit dem Reihenvierzylinder OM 601 und 310 D mit dem Fünfzylinder-Triebwerk OM 602 an. Mit den drei Modellen 310, 308 D und 310 D, die nun zumindest in Prospekten des Geschäftsbereiches Omnibusse ein der Typenbezeichnung vorangestelltes O erhalten, wird die Fertigung der TN-Minibusse dann noch bis 1995 fortgesetzt, bis der Sprinter die Modellfamilie ablöst. Lediglich beim indischen Lizenznehmer Bajaj-Tempo (seit 2005 Force Motors) rollt der TN, mittlerweile mehrfach modifiziert, als Traveller noch bis heute von den Bändern.

Auf Basis des TN entstehen im Laufe der Jahre auch einige Experimentalfahrzeuge. So präsentiert Daimler-Benz bereits 1977 den so genannten City-Bus mit Was-

Mit der Übernahme von Hanomag-Henschel durch die Daimler-Benz AG im Jahr 1970 werden die leichten Harburger Transporter, die eine Weiterentwicklung des Tempo Matador E darstellen, auch unter der Marke Mercedes-Benz vermarktet. Sie rollen im Werk Bremen von den Bändern.

Als Nachfolger der Harburger Transporter entwickelt Daimler-Benz die neue TN-Transporterfamilie – hier noch ein Prototyp –, die es auch in einer Minibusversion gibt.

Obwohl es den TN ab 1977 gibt, wird er erst ab 1980, als die Baureihe auch in Düsseldorf produziert wird, als Omnibus vermarktet, wobei offiziell nur die Fahrzeuge ab drei Tonnen Nutzlast des Baumusters 602 als solche verkauft werden. Auf Wunsch sind aber auch die leichteren Modelle des Baumusters 601 als Omnibusse erhältlich.
*Sammlung Alexander Weber*

| Typ | 308 | 308 | 308 | 308 | 310 | 310 |
|---|---|---|---|---|---|---|
| Motor | M 115 | M 115 | M 115 | M 115 | M 102 | M 102 |
| Zylinder | 4 | 4 | 4 | 4 | 4 | 4 |
| Hubraum in $cm^3$ | 2277 | 2277 | 2277 | 2277 | 2299 | 2299 |
| Leistung in PS | 85 | 85 | 85 | 85 | 95 | 95 |
| L x B x H in mm | 4755 x 1975 x 2230 | 4755 x 1975 x 2525 | 5235 x 1975 x 2230 | 5235 x 1975 x 2525 | 5235 x 1975 x 2230 | 5235 x 1975 x 2525 |
| Radstand in mm | 3050 | 3050 | 3350 | 3350 | 3350 | 3350 |
| Bauzeit | 1980–1982 | 1980–1982 | 1980–1982 | 1980–1982 | 1982–1995 | 1982–1995 |
| Anmerkungen | Innenhöhe: 1550 mm | Innenhöhe: 1830 mm | Innenhöhe: 1550 mm | Innenhöhe: 1830 mm | Innenhöhe: 1550 mm; ab 1988 mit 105 PS | Innenhöhe: 1830 mm; ab 1988 mit 105 PS |

| Typ | 307 D | 307 D | 307 D | 307 D |
|---|---|---|---|---|
| Motor | OM 616 | OM 616 | OM 616 | OM 616 |
| Zylinder | 4 | 4 | 4 | 4 |
| Hubraum in $cm^3$ | 2376 | 2376 | 2376 | 2376 |
| Leistung in PS | 65 | 65 | 65 | 65 |
| L x B x H in mm | 4755 x 1975 x 2230 | 4755 x 1975 x 2525 | 5235 x 1975 x 2230 | 5235 x 1975 x 2525 |
| Radstand in mm | 3050 | 3050 | 3350 | 3350 |
| Bauzeit | 1980–1982 | 1980–1982 | 1980–1985 | 1980–1985 |
| Anmerkungen | Innenhöhe: 1550 mm | Innenhöhe: 1830 mm | Innenhöhe: 1550 mm | Innenhöhe: 1830 mm |

serstoffantrieb. Er ist auf einem Dreitonnen-Fahrgestell des Typs 308 entstanden, das mit einem modifizierten Ottomotor mit rund 60 PS Leistung zur Nutzung des Wasserstoffs als Treibstoff ausgestattet ist und eine von Vetter in Fellbach entworfene Karosserie besitzt. Da der City-Bus ein reines Testfahrzeug ist, sind in ihm fünf verschiedene Hybridspeicher zur Speicherung des Wasserstoffs eingebaut. 1979 wird eine modifizierte Version des City-Bus vorgestellt, dessen Motor nun schon 78 PS leistet und der nur noch drei unterschiedliche Hybridspeicher besitzt. Zeitgleich wird noch ein zweiter City-Bus-Versuchsträger auf die Räder gestellt. Hierbei handelt es sich um ein Fahrzeug auf Basis des kurzen 307 D, das zusätzlich zum Verbrennungsmotor noch einen Gyroantrieb aufweist. Während die Gyro-Antriebstechnik recht schnell wieder in der Schublade verschwindet, entwickeln die Ingenieure von Daimler-Benz den Wasserstoffantrieb in den nächsten Jahren kontinuierlich weiter, so dass 1984 mit dem 310 H2 ein schon recht alltagstauglicher, weiterer Versuchsträger auf Basis des regulären Minibusses des Typs 310 mit vier Metall-Hybridspeichern, die sich aufgrund der Erfahrungen mit den ersten Experimentalfahrzeugen als die wirtschaftlichste Lösung herausgestellt haben, entsteht.

*Links:* Im Regelfall kommen TN mit 3350 mm Radstand als Omnibusse zum Einsatz. Aber es gibt auch ein kurzes Modell mit nur 3050 mm Radstand.

*Unten links:* 1989 erhält die komplette TN-Familie ein leichtes Facelift, das äußerlich an den Kunststoffleisten an der A-Säule, die die Aerodynamik verbessern sollen, zu erkennen ist. *Sammlung Alexander Weber*

*Unten rechts:* Auf Basis eines 308-Chassis präsentiert Daimler-Benz 1977 den City-Bus mit Wasserstoffantrieb. Er ist ein Experimentalfahrzeug, dessen Aufbau von Vetter stammt.

| Typ | 308 D | 308 D | 309 D | 309 D | 310 D | 310 D |
|---|---|---|---|---|---|---|
| Motor | OM 601 | OM 601 | OM 617 | OM 617 | OM 602 | OM 602 |
| Zylinder | 4 | 4 | 4 | 4 | 5 | 5 |
| Hubraum in $cm^3$ | 2299 | 2299 | 2998 | 2998 | 2874 | 2874 |
| Leistung in PS | 80 | 80 | 90 | 90 | 95 | 95 |
| L x B x H in mm | 5235 x 1975 x 2230 | 5235 x 1975 x 2525 | 5235 x 1975 x 2230 | 5235 x 1975 x 2525 | 5235 x 1975 x 2230 | 5235 x 1975 x 2525 |
| Radstand in mm | 3350 | 3350 | 3350 | 3350 | 3350 | 3350 |
| Bauzeit | 1989–1995 | 1989–1995 | 1984–1988 | 1984–1988 | 1989–1995 | 1989–1995 |
| Anmerkungen | Innenhöhe: 1550 mm | Innenhöhe: 1830 mm | Innenhöhe: 1550 mm | Innenhöhe: 1830 mm | Innenhöhe: 1550 mm | Innenhöhe: 1830 mm |

| Typ | City-Bus | City-Bus | 310 H2 |
|---|---|---|---|
| Motor | M 115 | OM 616 | M 102 |
| Zylinder | 4 | 4 | 4 |
| Hubraum in $cm^3$ | 2277 | 2376 | 2299 |
| Leistung in PS | 60 | 65 | 102 |
| L x B x H in mm | 5235 x 1975 x ? | 4755 x 1975 x ? | 5235 x 1975 x 2525 |
| Radstand in mm | 3350 | 3050 | 3350 |
| Bauzeit | 1977 | 1979 | 1984 |
| Anmerkungen | mit Wasserstoffantrieb; 1979 zweite Version mit 78 PS | mit Gyroantrieb | mit Wasserstoffantrieb |

1979 überarbeitet Daimler-Benz den City-Bus leicht, so dass er nun einen stärkeren Motor und ein neues System zur Wasserstoffspeicherung besitzt.

Ebenfalls 1979 entsteht ein weiterer City-Bus als Versuchsfahrzeug. Dieser basiert nun auf einem 307 D-Fahrgestell und besitzt einen Gyroantrieb. Den Aufbau liefert wiederum Vetter.

Mit weiterentwickelter Wasserstoffantriebstechnik ist der 310 H 2 ausgestattet, der 1984 vorgestellt wird. Auch er ist ein reines Versuchsfahrzeug.

Vetter nutzt den TN natürlich auch für eigene Minibusprojekte. Hier sehen wir einen Linienomnibus auf einem 307 D-Fahrwerk.

*Werksfoto Vetter – Sammlung Alexander Weber*

Dieser 307 D-Minireiseomnibus besitzt dagegen einen Aufbau von Ernst Auwärter.

*Sammlung Alexander Weber*

Hier hat der bekannte Aufbauhersteller Koch einen 409 D-Transporter in einen Minibus verwandelt. *Werksfoto Koch – Sammlung Alexander Weber*

Auch Kowex baut den 409 D-Transporter zu einem respektablen Minibus um. *Werksfoto Kowex – Sammlung Alexander Weber*

Auf dieser Aufnahme ist ein Minibus auf Basis eines 410 D zu sehen. Hersteller des Fahrzeugs ist die Firma Sitcar.

*Werksfoto Sitcar – Sammlung Alexander Weber*

Einen Spezialaufbau für den Rollstuhltransport mit Dacherhöhung sehen wir auf dieser Aufnahme. Das Fahrzeug auf Basis eines 207 D hat Berkhof geschaffen. *Werksfoto Berkhof – Sammlung Alexander Weber*

# O 600 (Baumuster 672)

## Minibusse in Co-Produktion mit Frenzel und Göppel

Als Nachfolger des Großraumtransporters T 2 stellt Daimler-Benz 1986 den komplett neu entwickelten T 2 N in Kurzhauberbauweise vor. Die von ihm abgeleitete Familie an Minibussen, die als Baureihe O 600 zusammengefasst wird, hat dann 1988 ihre Premiere. Sie basiert wie die Transporter-Versionen auf einem stabilen Leiterrahmen mit einer nun servogelenkten Faust-Vorderachse und einer Hypoid-Antriebsachse, weist aber ein komfortableres Federungssystem auf. So sind neben der Standardfederung spezielle Omnibusstoßdämpfer sowie an der Vorderachse zusätzliche Parabelfedern und Stabilisatoren und an der Hinterachse zusätzliche Stützblattfedern vorhanden. Als Antriebsquelle stehen der Baureihe O 600 Motoren der Baureihe OM 364 in je nach Modell unterschiedlichen Leistungsstufen zur Verfügung, die mit einem Fünfgang-Schaltgetriebe oder auf Wunsch auch mit einem Sechsganggetriebe oder einer Viergang-Automatik kombiniert werden können. Das Bremssystem bildet im O 609 D in der Version auf Basis des Sechstonner-Fahrgestells eine Zweikreis-Hydraulikbremsanlage mit Unterdruckunterstützung. Alternativ kann auch eine Zweikreis-Hydraulik-/Zweikreis-Druckluftbremsanlage geordert werden, die beim O 609 D auf Basis des Siebentonner-Chassis sowie bei den Modellen O 611 D und O 614 D Serienstandard ist. Zusätzlich ist bei allen Modellen eine Motorbremse vorhanden. Die Fertigung der Baureihe O 600 startet zunächst im Werk Düsseldorf, wird dann aber ab 1991 schrittweise ins Werk Ludwigsfelde verlagert. Die Produktion ist dabei von Beginn an eine Co-Produktion von Daimler-Benz und den Minibus-Spezialisten der Firmen Frenzel und Göppel. So erfolgt in Düsseldorf bzw. Ludwigsfelde nur der Rohbau der Fahrzeuge. Diese gehen anschließend entweder als nackte Chassis mit Vorbau oder mit einer entsprechend modifizierten Roh-Kastenwagen-Karosserie als Aufbau zu den Projektpartnern Frenzel oder Göppel, wo der Endausbau erfolgt. 1996 wird die Baureihe O 600 dann vom Nachfolgemodell auf Basis des Vario ersetzt.

1986 tritt der T 2 N die Nachfolge des T 2 an. Die Minibusse der T 2 N-Familie werden als O 600 zusammengefasst und entstehen in Kooperation mit den Aufbauspezialisten Göppel und Frenzel.

Hier sehen wir einen O 614 D aus Göppel-Fertigung.

*Werksfoto Göppel – Sammlung Alexander Weber*

Großflächige Panoramaseitenscheiben hat dagegen der O 614 D von Frenzel.

Der O 614 D kann auch als Schulbus eingesetzt werden. Auch dieses Exemplar ist bei Frenzel entstanden.

Die Mercedes-Benz France bietet für den T 2 N eigene Minibus-Lösungen mit Aufbauten französischer Hersteller wie Trouillet an.

*Sammlung Alexander Weber*

Das Allradchassis 814 DA ist zwar offiziell nicht als Basis für Omnibusse vorgesehen, aber 1991 entsteht trotzdem dieser Allrad-Omnibus.

| Typ | O 609 D | O 609 D | O 611 D | O 611 D | O 614 D | O 614 D |
|---|---|---|---|---|---|---|
| Motor | OM 364 | OM 364 | OM 364 A | OM 364 A | OM 364 LA | OM 364 LA |
| Zylinder | 4 | 4 | 4 | 4 | 4 | 4 |
| Hubraum in $cm^3$ | 3972 | 3972 | 3972 | 3972 | 3972 | 3972 |
| Leistung in PS | 90 | 90 | 115 | 115 | 136 | 136 |
| L x B x H in mm | 6215 x 2190 x 2640 | 7095 x 2190 x 2640 | 6215 x 2190 x 2640 | 7095 x 2190 x 2640 | 6215 x 2190 x 2640 | 7095 x 2190 x 2640 |
| Radstand in mm | 3700 | 4250 | 3700 | 4250 | 3700 | 4250 |
| Bauzeit | 1988–1996 | 1988–1996 | 1988–1996 | 1988–1996 | 1988–1996 | 1988–1996 |
| Anmerkungen | Basis 6-t-Fahrgestell 609 D oder 7-t-Fahrgestell 709 D; Aufbau Frenzel oder Göppel | Basis 6-t-Fahrgestell 609 D oder 7-t-Fahrgestell 709 D; Aufbau Frenzel oder Göppel | Basis 7-t-Fahrgestell 711 D; Aufbau Frenzel oder Göppel | Basis 7-t-Fahrgestell 711 D; Aufbau Frenzel oder Göppel | Basis 8-t-Fahrgestell 814 D; Aufbau Frenzel oder Göppel | Basis 8-t-Fahrgestell 814 D; Aufbau Frenzel oder Göppel |

Dieser O 611D basiert auf dem kurzen T 2 N-Fahrwerk mit 3700 mm Radstand. Der Aufbau stammt von Frenzel.

Neben den als Werksaufbauten vermarkteten Modellen von Göppel und Frenzel nutzen auch andere Aufbauhersteller den T 2 N. Hier sehen wir das Modell Asturias von Trouillet, das auf dem 814 D basiert.

*Sammlung Alexander Weber*

Auch der Skypper von Sitcar nutzt als Grundlage das 814 D-Chassis.

*Werksfoto Sitcar – Sammlung Alexander Weber*

Hier sehen wir einen 709 D mit Beaver 25-Aufbau von Plaxton.

Der Alexander AM 28.15 basiert dagegen auf einem 811 D-Fahrgestell.

Beim Modell Starrider von Optare kann man nur noch erahnen, dass unter dem Blech ein 811 D steckt. *Sammlung Alexander Weber*

Im südafrikanischen Letaba hat der Aufbauhersteller Busaf seinen Sitz, der diesen O 811 geschaffen hat.

Teamstar nennt Ernst Auwärter diesen Aufbau, den er auf das 814 D-Fahrgestell setzt. *Werksfoto E. Auwärter – Sammlung Alexander Weber*

Der Economy von Ernst Auwärter nutzt dagegen den Werks-Vorbau des 814 D. *Werksfoto E. Auwärter – Sammlung Alexander Weber*

Dieser 711 D von Haru-Reisen aus Berlin hat einen Aufbau von Koch. *Werksfoto Koch – Sammlung Alexander Weber*

Hier hat CarInd einen T 2 N-Transporter zum Linienomnibus umgestaltet. *Foto Alessandro Zanotti*

# Vario (Baumuster 670)

## Der Beginn der Kooperation mit Koch

1996 löst der Vario den bisherigen T 2 N und damit auch die Minibusse der Baureihe O 600 ab. Der Vario ist dabei keine komplette Neuentwicklung, sondern nur ein grundlegend überarbeiteter T 2 N, von dem er den nur leicht modifizierten Rahmen als Rückgrat übernimmt. Beim Fahrwerk ersetzt eine neue Hinterachse den bisher verbauten Typ und eine Zweikreis-Druckluftbremsanlage mit innenbelüfteten Scheibenbremsen an allen vier Rädern ist nun Serienstandard, der um ein optionales ABS und eine Haltestellenbremse ergänzt werden kann. Zudem können die Vario-Minibusse als Sonderausstattung mit einer Luftfederung an der Hinterachse versehen werden, die die Kundschaft bei der Baureihe O 600 immer schon gefordert hatte. Auch bei der Motorisierung setzt man auf Neues. So sorgt im O 812 der Fünfzylinder OM 602 LA für den Antrieb, während im O 814 der Vierzylinder OM 904 LA unter der kurzen Haube arbeitet. Neben diesen Neuerungen unter dem Blech präsentiert sich der Vario auch mit einer überarbeiteten Karosserie mit neuen Scheinwerfern und Blinkern und einem neuen Kühlergrill im Stile des Sprinter. Produziert werden die Vario Minibusse, die nun nur noch in der langen Radstandsvariante und auch nur noch auf Basis des Achttonner-Chassis entstehen, wie gehabt entweder als Chassis mit Vorbau oder mit einer Rohkarosserie

| Typ | Vario O 812 | Vario O 814 | Vario O 815 |
|---|---|---|---|
| Motor | OM 602 LA | OM 904 LA | OM 904 LA |
| Zylinder | 5 | 4 | 4 |
| Hubraum in cm³ | 2874 | 4250 | 4250 |
| Leistung in PS | 122 | 136 | 150 |
| L x B x H in mm | 7210 x 2206 x 2850 | 7210 x 2206 x 2850 | 7210 x 2206 x 2850 |
| Radstand in mm | 4250 | 4250 | 4250 |
| Bauzeit | 1996–1997 | 1996–2006 | 2001–2006 |
| Anmerkungen | | ab 2001 Motor nach EURO 3-Norm | Motor nach EURO 3-Norm |

1996 löst ein technisch grundlegend überarbeiteter T 2 N das Vorgängermodell ab. Er wird als Vario vermarktet, von dem es auch wieder einen Minibus gibt. Dieser entsteht nun aber in Kooperation mit Koch.
*Sammlung Alexander Weber*

versehen im Werk Ludwigsfelde. Für den Endausbau hat Daimler-Benz nun aber einen neuen Partner gewonnen, nämlich die Firma Karl Koch. Trotz aller Bemühungen wird der Vario Minibus, wie auch schon die Baureihe O 600, nie an die Verkaufserfolge eines O 319 oder O 309 anknüpfen können. Ende 1997 fällt daher der schwach motorisierte O 812 aus dem Programm. Stattdessen wird dieses 2001, als die Umstellung auf Triebwerke nach EURO 3-Norm erfolgt, noch um den O 815 ergänzt, bis die Fertigung der Vario-Komplettbusse Ende 2006 eingestellt wird. Die Vario-Fahrgestelle, die es auch mit dem 177-PS-Motor gibt, bleiben dagegen bis zum endgültigen Produktionsende der Vario-Familie im Jahr 2013 bei diversen Aufbauherstellern eine beliebte Basis für ihre Eigenkreationen.

Dieser Vario O 814 ist die preisgünstige Version, die auf einem umgebauten Transporter basiert. *Foto Alexander Weber*

Neben den „Werks"-Vario bietet Koch auch eigene Minibus-Aufbauten für das Vario-Chassis an. Hier sehen wir einen Vario 815 mit Heckverlängerung. *Pressefoto Daimler Truck AG*

Einen Linienaufbau mit Außenschwingtüren hat Koch auf dieses Vario O 814-Fahrgestell gesetzt. *Werksfoto Koch – Sammlung Alexander Weber*

Der australische Aufbauhersteller Denning hat diese Karosserie für das Vario 814-Chassis im Angebot.

Hier sehen wir einen Vario O 818 mit Aufbau von Kowex, der im Auftrag des Nahverkehr Hohenlohekreis unterwegs ist. *Foto Alexander Weber*

Den Stadtliniendienst in Lauffen am Neckar wickelt die Firma Gross 2015 mit diesem Vario O 818 ab. Auch er hat einen Kowex-Aufbau.
*Foto Alexander Weber*

Cheetah nennt Plaxton diesen Aufbau für das Vario O 814-Fahrgestell.
*Werksfoto Plaxton – Sammlung Alexander Weber*

David Reisen hat sich für einen Teamstar Kombi von Ernst Auwärter entschieden. Er basiert auf einem Vario O 814-Chassis.
*Werksfoto E. Auwärter – Sammlung Alexander Weber*

E. Auwärter bietet die Economy-Karosserie auch für den Vario O 814 wieder an.
*Werksfoto E. Auwärter – Sammlung Alexander Weber*

Die Seitenlinie des Beluga 3 von Sitcar soll an den gleichnamigen Weißwal erinnern. Der Mini-Reiseomnibus basiert auf dem Vario O 818.
*Foto Alexander Weber*

Zweckmäßig einfach präsentiert sich dieser Vario 816 D Transporter, den Sora zu einem Schulbus umgebaut hat. *Foto Alexander Weber*

Am Freiburger Stadtgarten macht 2005 ein Vario mit Smile-Aufbau von NewCar Pause. *Foto Alexander Weber*

Der Easy Maxi von Tomassini auf Vario-Basis gibt schon einen Ausblick auf den Medio, den der italienischen Karosseriebauer zusammen mit DaimlerChrysler auf die Räder stellen wird. *Foto Alessandro Zanotti*

Auf Anacapri sind Vario 818 D mit Linienaufbau von CarInd im Einsatz.
*Foto Alessandro Zanotti*

34 Sitzplätze hat der Vario O 813 mit Aufbau des polnischen Herstellers Automet, den wir hier sehen. *Foto Alexander Weber*

# Medio (Baumuster 670)

## Der Vario in italienischem Design

Der als Luxusversion des Vario gedachte Medio erweitert ab 2000 das Minibusangebot der Marke Mercedes-Benz. Er basiert auf dem Vario 815 D-Chassis, das hier serienmäßig mit einer luftgefederten Hinterachse versehen ist. Zudem wird im Medio der OM 904 LA ab Werk mit einem Sechsgang-Schaltgetriebe kombiniert, das auf Wunsch auch gegen einen Viergang-Automaten von Allison getauscht werden kann. Viel wichtiger als diese marginalen technischen Unterschiede zu den klassischen Vario-Minibussen ist dagegen die Karosserie des Medio. Diese wurde vom italienischen Aufbauhersteller Tomassini entwickelt. Sie präsentiert sich mit tief heruntergezogenen Seitenscheiben, einer großflächigen Windschutzscheibe und einer Frontgestaltung, die aus dem Kurzhauber Vario optisch einen Frontlenker mit Designelementen aus Travego und Integro macht. Die zunächst geplante Fertigung

*Oben:* Im Jahr 2000 kommt der Medio auf Basis des Vario 815 D-Chassis heraus. Der von Tomassini entwickelte Minibus soll als Luxusversion das Minibus-Angebot der Marke Mercedes-Benz nach oben abrunden.

*Unten:* Ab 2004 wird die Überlandversion des Medio als Medio ECO bezeichnet.

*Sammlung Alexander Weber*

| Typ | **Medio** | **Medio Classic** | **Medio Classic L** |
|---|---|---|---|
| Motor | OM 904 LA | OM 904 LA | OM 904 LA |
| Zylinder | 4 | 4 | 4 |
| Hubraum in cm³ | 4250 | 4250 | 4250 |
| Leistung in PS | 150 | 177 | 177 |
| L x B x H in mm | 7600 x 2340 x 3100 | 7600 x 2340 x 3100 | 8290 x 2340 x 3100 |
| Radstand in mm | 4250 | 4250 | 4800 |
| Bauzeit | 2000–2007 | 2004–2007 | 2004–2007 |
| Anmerkungen | Motor nach EURO 3-Norm; ab 2004 als Medio ECO bezeichnet | Motor nach EURO 3-Norm | Motor nach EURO 3-Norm |

Die Reiseversion des Medio hört nun auf den Namen Medio Classic. *Pressefotos Daimler Truck AG*

Hier blicken wir in den Fahrgastraum des Medio Classic. *Foto Daimler Truck AG*

Äußerst edel, mit Wurzelholzeinlagen präsentiert sich das Armaturenbrett im Medio Classic. *Pressefoto Daimler Truck AG*

des Medio bei Tomassini wird nach diversen Anlaufschwierigkeiten und der kurzzeitigen Überlegung, den Minibus in der tschechischen Republik produzieren zu lassen, 2004 ins Plattlinger Minibus-Werk der EvoBus verlegt. Gleichzeitig wird das Programm nochmals überarbeitet. Die Überlandversion hört ab sofort auf den Namen Medio ECO, die Reiseversion wird dagegen als Medio Classic bzw. in der Variante mit langem Radstand als Medio Classic L bezeichnet. Serienmäßig leistet der OM 902 LA in den beiden Reiseversionen nun 177 PS. Wirklich in Schwung wird der Medio aber auch jetzt nicht kommen, so dass er Ende 2007 aus dem Programm fällt.

Dieser Medio Classic ist in Diensten des niederländischen Busunternehmens Ter Doest unterwegs.
*Foto Alexander Weber*

Für den VIP-Transport hat man hier einen Medio Classic mit besonders luxuriöser Innenraumausstattung versehen. *Pressfoto Daimler Truck AG*

# O 100 City (Baumuster 631)

## Ein Niederländer mit spanischen Wurzeln

Ab 1988 rollt im spanischen Daimler-Benz Werk Vitoria der neue MB 100 von den Bändern. Der leichte Transporter ist in gewisser Weise eine Weiterentwicklung des DKW F 1000 bzw. Mercedes-Benz N 1000 aus dem Jahr 1963, von dem er die Grundkonzeption eines Fahrwerkes aus einem Doppelrohrrahmen mit längs eingebautem Frontmotor und Frontantrieb sowie einer nicht selbsttragenden Karosserie übernimmt. Im Gegensatz zu seinen Vorgängermodellen aus spanischer Fertigung, die seit 1965 nicht mehr in Deutschland angeboten wurden, vertreibt Daimler-Benz den Eintonner als unteren Abschluss des Nutzfahrzeugprogramms nun auch wieder in Deutschland. Eine spezielle Omnibus-Version gibt es allerdings zunächst nicht, auch wenn der MB 100 auch als Kombi-Transporter angeboten wird. Diese präsentiert stattdessen auf der IAA 1991 die Firma DuvedeC aus dem niederländischen Helmond, die einen MB 100-Triebkopf mit einem Niederflur-Rohr-Leiterrahmen mit einer luftgefederten Portal-Doppelachse mit Einzelradaufhängung kombiniert und diesen dann mit einem Kunststoffaufbau mit einlaminiertem Aluminiumgerippe versieht. Der als O 100 City bezeichnete Minibus weckt auf der IAA dabei nicht nur das Interesse der zahlreichen Besucher, sondern auch der Verantwortlichen von EvoBus. Nach langen Verhandlungen und einer grundlegenden Überarbeitung des O 100 City, der nun einen stärkeren Motor, ein ZF-Dreigang-Automatikgetriebe und die 1992 eingeführte, facegeliftete Frontgestaltung des MB 100 mit schräg gestellter Kühlerpartie aufweist, wird der Minibus 1993 schließlich offiziell ins Omnibus-Vertriebsprogramm von Daimler-Benz aufgenommen. Die Fertigung übernimmt die Firma Pfeil Speziale Produkte B.V. in Veldhoven im Auftrag. Da die Fertigung des MB 100 in Vitoria Ende 1995 ausläuft und dieser durch den Vito ersetzt wird, endet noch im selben Jahr auch die Produktion des O 100 City, auch wenn dieser sich recht erfolgreich verkauft hat.

Ebenfalls 1993 stellt Daimler-Benz einen weiteren Minibus auf Basis der MB 100-Familie vor. Dieses Experimentalfahrzeug entsteht auf dem schweren MB 180-Chassis, das in Deutschland nicht angeboten wird, und besitzt statt des Standarddiesels einen Gleichstrommotor von ABB als Antriebsquelle. Dieser wird beim MB 180 E Miniplus, wie das Fahrzeug, das der Aufbauhersteller Obradors eingekleidet hat, heißt, von ZEBRA-Hochenergie-Batterien der Daimler-Konzerntochter AEG mit Strom versorgt. Die Alltagstauglichkeit hatte dieses Antriebkonzept bereits während der Olympiade in Barcelona im Jahr davor unter Beweis gestellt, als eine Flotte von MB 100 E als emissionsfreie Begleitfahrzeuge während der Veranstaltungen ihren Dienst versehen hatten. Durch das Produktionsende der MB 100-Familie im Jahr 1995 wird aber eine Weiterentwicklung des MB 180 E Miniplus zur Serienreife unterbleiben.

Der MB 100 rollt ab 1988 im Werk Vitoria in Spanien von den Bändern. Es gibt ihn auch als Kombi-Transporter für die Personenbeförderung, aber nicht als Minibus.

| Typ | **O 100 City** | **MB 180 E Miniplus** |
|---|---|---|
| Motor | OM 602 | ABB-Gleichstrommotor |
| Zylinder | 5 | |
| Hubraum in cm³ | 2874 | |
| Leistung in PS | 98 | 38 |
| L x B x H in mm | 6335 x 1989 x 2540 | 5250 x 1850 x 2450 |
| Radstand in mm | 2850 + 750 | 2675 |
| Bauzeit | 1993–1995 | 1993 |
| Anmerkungen | | mit Elektroantrieb |

Auf der IAA 1991 präsentiert schließlich die Firma Duve-Dec aus dem niederländischen Helmond den O 100 City mit MB 100-Triebkopf und einer Portal-Doppelachse mit Einzelradaufhängung.
*Sammlung Alexander Weber*

Nach einer grundlegenden Überarbeitung wird der O 100 City 1993 ins offizielle Omnibus-Programm der Marke Mercedes-Benz aufgenommen.
*Sammlung Alexander Weber*

Einen O 100 City schafft die Stuttgarter SSB für eine Citybus Ringlinie in der Innenstadt an.

Vollelektrische MB 100 E sind während der Olympiade in Barcelona als Begleitfahrzeuge im Einsatz.

Auf Basis des schweren Chassis MB 180 entsteht 1993 das Experimentalfahrzeug MB 180 E Miniplus mit einem Aufbau von Obradors.

# Sprinter (Baumuster 902, 903 und 904)

## Der Beginn eines Welterfolgs

Im Jahr 1995 hat die neue Transportergeneration der Marke Mercedes-Benz ihre Premiere. Die zusammen mit dem VW-Konzern entwickelte Baureihe, die intern als T 1 N geführt wird, hört auf den Verkaufsnamen Sprinter. Sie wird, was bei ihrer Vorstellung wohl keiner der Beteiligten sich auszumalen vermag, in den folgenden Jahren eine ganze Fahrzeugklasse so nachhaltig prägen, dass die Bezeichnung Sprinter heutzutage als Synonym für Transporter allgemein Eingang in den Sprachgebrauch gefunden hat. Der Sprinter übernimmt von seinem direkten Vorgänger, dem T 1, zwar das Antriebskonzept mit einem längs eingebauten Frontmotor und Heckantrieb, doch enden hier die Gemeinsamkeiten auch schon. Durch die deutlich gestrecktere, schräg gestellte Motorhaube ragt beim Sprinter der Motor nämlich nicht mehr ins Fahrerhaus hinein. Auch besitzt der Sprinter an der Vorderachse eine Einzelradaufhängung im Gegensatz zur starren Faustachse seines Vorgängers. Und das Bremssystem umfasst nun ein serienmäßiges ABS. Auch wenn der Sprinter, der mit dem Benziner M 111 oder Dieselmotoren der Baureihen OM 601 bzw. OM 602, in verschiedenen Radständen und Tonnagen erhältlich ist, von Beginn an auch als Kombi-Transporter zur Personenbeförderung angeboten wird, dauert es bis 1998 bis die ersten offiziellen Werks-Omnibusversionen auf den Markt kommen. Diese entstehen bei der Firma Karl Koch GmbH, bei der die EvoBus im selben Jahr mit 49 Prozent als Partner eingestiegen ist, und umfassen zu Beginn einen Schulbus auf Basis des Sprinter 312 D sowie Reise- und Linienomnibusse auf Basis des Sprinter 412 D. Die Linienomnibusse wiederum gibt es in einer reinen Hochbodenversion und in einer Niederflurvariante. Hier ist der komplette Bereich zwischen den Achsen mittels eines modifizierten Rahmens abgesenkt. Dies macht auch einen veränderten Antriebsstrang nötig, bei dem selbiger durch die Verwendung eines Verteilergetriebes am Getriebeausgang, das aus dem Allrad-Sprinter übernommen wurde, um 250 mm

1995 hat die neue Transportergeneration der Marke Mercedes-Benz ihre Premiere, die den Verkaufsnamen Sprinter trägt. Zunächst wird der Sprinter nur als Transporter vermarktet, so dass das Thema Minibusse externen Aufbauherstellern wie Koch vorbehalten bleibt. Dieser realisiert 1996 diesen Niederflurlinienomnibus auf Sprinter-Basis.
*Werksfoto Koch – Sammlung Alexander Weber*

1998 steigt die EvoBus mit 49 Prozent als Partner bei Koch ein, der die Fertigung der Werksminibusse auf Sprinter-Basis übernimmt. Hier sehen wir einen Sprinter Linie.
*Pressefoto Daimler AG*

Ein Sprinter Reiseomnibus auf Basis eines Kastenwagens ist hingegen auf dieser Abbildung zu sehen.

Ein Sprinter 312 D Kastenwagen bildet die Grundlage für diesen Reiseomnibus.
*Werksfoto Koch – Sammlung Alexander Weber*

Auch andere Aufbauhersteller nutzen den Sprinter für ihre Kleinbuskreationen. Super Sprinter nennt zum Beispiel Ernst Auwärter die Karosserie, die er auf das Sprinter 412 D-Fahrwerk setzt.
*Werksfoto E. Auwärter – Sammlung Alexander Weber*

Kowex hat den Sprinter 412 D zum Linienomnibus mit Außenschwingtüren umgestaltet.
*Werksfoto Kowex – Sammlung Alexander Weber*

nach unten gebracht wird. Im Jahr darauf erweitert sich das Angebot an Sprinter Minibussen um weitere Versionen mit zusätzlichen Bestuhlungsoptionen, Fahrzeuge mit Heckverlängerungen und um Schulbusse auf Basis der 2,8-t-Fahrgestelle. Zudem steht nun neben dem standardmäßigen OM 602 LA mit 122 PS die gesamte Motorenpalette der Transporter zur Auswahl

Zum Modelljahr 2000 erfährt die komplette Sprinter-Familie ein Facelift, bei dem die Kante der Motorhaube tiefer heruntergezogen wird, so dass der Mercedes-Stern an der Front sie nun anschneidet. Gleichzeitig rückt auch der Kühlergrill tiefer an den Stoßfänger heran, die Scheinwerfer werden dynamischer gestaltet und an den Seiten sind nun zusätzliche Motor-Lüftungsöffnungen vorhanden. Bei den Dieselmotoren ersetzen zudem neue Common-Rail-Triebwerke die bisher verbauten Antriebsaggregate und die Fahrzeugelektrik der gesamten Sprinter-Familie wird auf die CAN-Bus-Technologie umgestellt. Das Fahrwerk an sich ist um ein serienmäßiges ASR ergänzt worden, auf Wunsch ist das neuentwickelte Sprintshift-Automatikgetriebe anstelle des Fünfgang-Schaltgetriebes erhältlich und optional sorgt ab sofort eine Luftfederung an der Hinterachse für deutlich mehr Fahrkomfort. Bei den Sprinter Minibussen in Reiseversion, die auf Basis des 4,6-t-Kastenwagens entstehen, nutzt man dieses Baureihen-Facelift gleichzeitig auch noch, um sie ab sofort mit großflächigen Panoramaseitenscheiben zu versehen. Des Weiteren ergänzen ab 2000 die Einsteigermodelle der ECO-Serie das Angebot weiter.

Die nächste große Umstellung erfährt das Sprinter Minibus-Programm, dessen Fertigung seit 2001 schrittweise in das ehemalige Kässbohrer-Reparaturwerk Dortmund verlegt wird, zur IAA 2002, als der Sprinter erneut ein leichtes Facelift erhält, das ihm diesmal eine Einfassung des Kühlergrills in Wagenfarbe, zweifarbige Rücklichter und Motoren nach EURO 3-Norm bringt. Im Rahmen dieser Umstellung wird das Programm neu gegliedert. Die Modelle auf Basis der 2,8-t-Fahrgestelle werden nur noch auf Anfrage geliefert und finden sich nicht mehr offiziell in den Prospekten. Den Einstieg ins Sprinter Minibus-Programm und ab sofort auch die Basis für Schulbusse bilden nun die ECO-Modelle, die es als

**Baumuster 902**

| | |
|---|---|
| Typ | **Sprinter Schulbus 8** |
| Motor | OM 602 LA |
| Zylinder | 5 |
| Hubraum in $cm^3$ | 2874 |
| Leistung in PS | 122 |
| L x B x H in mm | 5585 x 1933 x 2340 |
| Radstand in mm | 3550 |
| Bauzeit | 1999–2000 |
| Anmerkungen | auf Wunsch auch mit 102 PS oder mit OM 601 mit 79 PS oder mit M 111 E 2.3 mit 143 PS |

**Baumuster 903**

| | | | | | |
|---|---|---|---|---|---|
| Typ | **Sprinter Schulbus 13** | **Sprinter Schulbus 13 lang** | **Sprinter Schulbus 16** | **Sprinter 9** | **Sprinter 9 lang** |
| Motor | OM 602 LA | OM 602 LA | OM 602 LA | OM 602 LA | OM 602 LA |
| Zylinder | 5 | 5 | 5 | 5 | 5 |
| Hubraum in $cm^3$ | 2874 | 2874 | 2874 | 2874 | 2874 |
| Leistung in PS | 122 | 122 | 122 | 122 | 122 |
| L x B x H in mm | 5585 x 1933 x 2570 | 6535 x 1933 x 2570 | 6535 x 1933 x 2570 | 5585 x 1933 x 2570 | 6535 x 1933 x 2570 |
| Radstand in mm | 3550 | 4025 | 4025 | 3550 | 4025 |
| Bauzeit | 1998–2000 | 1999–2000 | 1999–2000 | 1999–2000 | 1999–2000 |
| Anmerkungen | ab 1999 auf Wunsch auch mit 102 PS oder mit OM 601 mit 79 PS oder mit M 111 E 2.3 mit 143 PS | auf Wunsch auch mit 102 PS oder mit OM 601 mit 79 PS oder mit M 111 E 2.3 mit 143 PS | auf Wunsch auch mit 102 PS oder mit OM 601 mit 79 PS oder mit M 111 E 2.3 mit 143 PS | auf Wunsch auch mit 102 PS oder mit OM 601 mit 79 PS oder mit M 111 E 2.3 mit 143 PS | auf Wunsch auch mit 102 PS oder mit OM 601 mit 79 PS oder mit M 111 E 2.3 mit 143 PS |

**Baumuster 904**

| | | | | | | |
|---|---|---|---|---|---|---|
| Typ | **Sprinter Schulbus 19** | **Sprinter Schulbus 22** | **Sprinter 16** | **Sprinter 19** | **Sprinter Linie** | **Sprinter Niederflur** |
| Motor | OM 602 LA | OM 602 LA | OM 602 LA | OM 602 LA | OM 602 LA | OM 602 LA |
| Zylinder | 5 | 5 | 5 | 5 | 5 | 5 |
| Hubraum in $cm^3$ | 2874 | 2874 | 2874 | 2874 | 2874 | 2874 |
| Leistung in PS | 122 | 122 | 122 | 122 | 122 | 122 |
| L x B x H in mm | 6535 x 1994 x 2610 | 7235 x 1994 x 2610 | 6535 x 1994 x 2610 | 6535 x 1994 x 2610 | 6535 x 1994 x 2610 | 6535 x 1994 x 2610 |
| Radstand in mm | 4025 | 4025 | 4025 | 4025 | 4025 | 4025 |
| Bauzeit | 1999–2000 | 1999–2000 | 1998–2000 | 1998–2000 | 1998–2000 | 1998–2000 |
| Anmerkungen | auf Wunsch auch mit 102 PS oder mit OM 601 mit 79 PS oder mit M 111 E 2.3 mit 143 PS | auf Wunsch auch mit 102 PS oder mit OM 601 mit 79 PS oder mit M 111 E 2.3 mit 143 PS | ab 1999 auf Wunsch auch mit 102 PS oder mit OM 601 mit 79 PS oder mit M 111 E 2.3 mit 143 PS | ab 1999 auf Wunsch auch mit 102 PS oder mit OM 601 mit 79 PS oder mit M 111 E 2.3 mit 143 PS | ab 1999 auf Wunsch auch mit 102 PS oder mit OM 601 mit 79 PS oder mit M 111 E 2.3 mit 143 PS | ab 1999 auf Wunsch auch mit 102 PS oder mit OM 601 mit 79 PS oder mit M 111 E 2.3 mit 143 PS |

Zum Modelljahr 2000 erfährt die Sprinter-Familie ein Facelift, was vor allem an der überarbeiteten Front und den zusätzlichen, seitlichen Lüftungsöffnungen für die neuen Common-Rail-Motoren sichtbar wird. Das Programm an Sprinter-Minibussen ergänzen nun die Einsteigermodelle der ECO-Serie.
*Pressefotos Daimler AG*

Der Sprinter Niederflur ist hauptsächlich für den Einsatz als Stadtlinienomnibus konzipiert und zwischen den Achsen voll niederflurig gehalten.
*Pressefotos Daimler AG*

ECO Mobility auch in einer speziellen Version für den Rollstuhltransport gibt. Sie basieren auf 3,5-t- bzw. 4,6-t-Kastenwagen und werden auf Exportmärkten im Vertriebskanal der Transporter als Sprinter Group vermarktet. Die bisherigen Reiseomnibusversionen auf 4,6-t-Kastenwagen-Basis werden dagegen unter der Bezeichnung Sprinter Classic zusammengefasst, während die Niederflurlinienomnibusse als Sprinter NF geführt werden. Letztere sind ab sofort auch serienmäßig mit einem Erdgasantrieb zu haben, der bereits seit 2000 als Sonderausstattung auf Anfrage für die gesamte Minibusfamilie verfügbar war. Last but not least runden ein Classic-Reiseomnibus und ein NF-Linienomnibus auf dem neuen Sechstonner-Fahrgestell, dessen Radstand auf 4250 mm verlängert wurde, mit eigenständiger, deutlich breiter gehaltener Karosserielinie das Programm nach oben ab. Dieses wird dann 2003 noch durch den luxuriösen Sprinter VIP ergänzt, der auf dem 3,5-t-Sprinter mit kurzem Radstand basiert. In dieser Form wird das Sprinter-Minibusprogramm bis 2006 unverändert weiter produziert werden, bis es durch die neue Sprinter-Generation abgelöst wird.

**Facelift 2000 – Baumuster 902**

| Typ | Sprinter ECO 7 | Sprinter Schulbus 7 |
|---|---|---|
| Motor | OM 611 DE 22 LA | OM 611 DE 22 LA |
| Zylinder | 4 | 4 |
| Hubraum in cm³ | 2151 | 2151 |
| Leistung in PS | 129 | 129 |
| L x B x H in mm | 5640 x 1933 x 2365 | 5640 x 1933 x 2365 |
| Radstand in mm | 3550 | 3550 |
| Bauzeit | 2000–2002 | 2000–2002 |
| Anmerkungen | auf Wunsch auch mit 82 oder 109 PS oder mit OM 612 DE 27 LA mit 156 PS oder mit M 111 E 2.3 mit 143 PS | auf Wunsch auch mit 82 oder 109 PS oder mit OM 612 DE 27 LA mit 156 PS oder mit M 111 E 2.3 mit 143 PS |

Den oberen Programmabschluss bildet der Sprinter Topmodell, ein Reiseomnibus mit Heckverlängerung und Komfortausstattung.
*Pressefoto Daimler AG*

**Facelift 2000 – Baumuster 903**

| Typ | Sprinter ECO 11 | Sprinter ECO 14 | Sprinter Schulbus 13 | Sprinter 13 | Sprinter 13 lang |
|---|---|---|---|---|---|
| Motor | OM 611 DE 22 LA | OM 611 DE 22 LA | OM 611 DE 22 LA | OM 611 DE 22 LA | OM 611 DE 22 LA |
| Zylinder | 4 | 4 | 4 | 4 | 4 |
| Hubraum in cm³ | 2151 | 2151 | 2151 | 2151 | 2151 |
| Leistung in PS | 129 | 129 | 129 | 129 | 129 |
| L x B x H in mm | 5640 x 1933 x 2350 | 6590 x 1933 x 2570 | 5640 x 1933 x 2570 | 5640 x 1933 x 2570 | 6590 x 1933 x 2570 |
| Radstand in mm | 3550 | 4025 | 3550 | 3550 | 4025 |
| Bauzeit | 2000–2002 | 2000–2002 | 2000–2002 | 2000–2002 | 2000–2002 |
| Anmerkungen | auf Wunsch auch mit 82 oder 109 PS oder mit OM 612 DE 27 LA mit 156 PS oder mit M 111 E 2.3 mit 143 PS | auf Wunsch auch mit 82 oder 109 PS oder mit OM 612 DE 27 LA mit 156 PS oder mit M 111 E 2.3 mit 143 PS | auf Wunsch auch mit 82 oder 109 PS oder mit OM 612 DE 27 LA mit 156 PS oder mit M 111 E 2.3 mit 143 PS | auf Wunsch auch mit 82 oder 109 PS oder mit OM 612 DE 27 LA mit 156 PS oder mit M 111 E 2.3 mit 143 PS | auf Wunsch auch mit 82 oder 109 PS oder mit OM 612 DE 27 LA mit 156 PS oder mit M 111 E 2.3 mit 143 PS |

*Oben links:* Joy 3 heißt der Sitcar-Aufbau für den Sprinter 416 CDI.
*Werksfoto Sitcar – Sammlung Alexander Weber*

*Oben rechts:* Hier sehen wir einen Sprinter des bekannten Omnibusunternehmers Troiani. Der Linienaufbau stammt vom österreichischen Hersteller Kutsenits. *Foto Alessandro Zanotti*

*Links:* Ein Sprinter 416 CDI Linienomnibus mit Aufbau des spanischen Herstellers Unvi. Der Wagen gehört zum Fuhrpark der KM Cremona.
*Foto Alessandro Zanotti*

### Facelift 2000 – Baumuster 904

| Typ | Sprinter Schulbus 16 | Sprinter Schulbus 19 | Sprinter Schulbus 22 | Sprinter 16 | Sprinter 19 | Sprinter Topmodell | Sprinter Linie | Sprinter Niederflur |
|---|---|---|---|---|---|---|---|---|
| Motor | OM 611 DE 22 LA | OM 611 DE 22 LA | OM 611 DE 22 LA | OM 611 DE 22 LA | OM 611 DE 22 LA | OM 611 DE 22 LA | OM 611 DE 22 LA | OM 611 DE 22 LA |
| Zylinder | 4 | 4 | 4 | 4 | 4 | 4 | 4 | 4 |
| Hubraum in $cm^3$ | 2151 | 2151 | 2151 | 2151 | 2151 | 2151 | 2151 | 2151 |
| Leistung in PS | 129 | 129 | 129 | 129 | 129 | 129 | 129 | 129 |
| L x B x H in mm | 6590 x 1994 x 2605 | 6590 x 1994 x 2605 | 7330 x 1994 x 2605 | 6590 x 1994 x 2605 | 6590 x 1994 x 2605 | 7090 x 1994 x 2605 | 6590 x 1994 x 2690 | 6590 x 1994 x 2605 |
| Radstand in mm | 4025 | 4025 | 4025 | 4025 | 4025 | 4025 | 4025 | 4025 |
| Bauzeit | 2000–2002 | 2000–2002 | 2000–2002 | 2000–2002 | 2000–2002 | 2000–2002 | 2000–2002 | 2000–2002 |
| Anmerkungen | auf Wunsch auch mit 82 oder 109 PS oder mit OM 612 DE 27 LA mit 156 PS oder mit M 111 E 2.3 mit 143 PS | auf Wunsch auch mit 82 oder 109 PS oder mit OM 612 DE 27 LA mit 156 PS oder mit M 111 E 2.3 mit 143 PS | auf Wunsch auch mit 82 oder 109 PS oder mit OM 612 DE 27 LA mit 156 PS oder mit M 111 E 2.3 mit 143 PS | auf Wunsch auch mit 82 oder 109 PS oder mit OM 612 DE 27 LA mit 156 PS oder mit M 111 E 2.3 mit 143 PS | auf Wunsch auch mit 82 oder 109 PS oder mit OM 612 DE 27 LA mit 156 PS oder mit M 111 E 2.3 mit 143 PS | auf Wunsch auch mit 82 oder 109 PS oder mit OM 612 DE 27 LA mit 156 PS oder mit M 111 E 2.3 mit 143 PS | auf Wunsch auch mit 82 oder 109 PS oder mit OM 612 DE 27 LA mit 156 PS oder mit M 111 E 2.3 mit 143 PS | auf Wunsch auch mit 82 oder 109 PS oder mit OM 612 DE 27 LA mit 156 PS oder mit M 111 E 2.3 mit 143 PS |

Ab 2002 hat die Sprinter-Familie eine Einfassung der Kühlermaske in Wagenfarbe und zweifarbige Rücklichter wie an diesem Sprinter ECO 3,55 t zu sehen.
*Pressefoto Daimler AG*

Der Sprinter ECO 4,6 t verfügt über ein verlängertes Heck. Im Fahrgastraum geht es recht einfach zu. Die gesamte ECO-Serie entsteht auf Basis von modifizierten Transporter-Karosserien.
*Pressefotos Daimler Truck AG*

Auf Exportmärkten wird der Sprinter ECO im Vertriebskanal der Transporter als Sprinter Group bzw. Tourist vermarktet.
*Pressefoto Daimler Truck AG*

Speziell für den Rollstuhltransport gibt es den Sprinter ECO Mobility.
*Pressefoto Daimler Truck AG*

Die Reiseomnibusversionen auf Basis des 4,6-t-Kastenwagens werden ab 2002 als Sprinter Classic bezeichnet.
*Pressefoto Daimler Truck AG*

**Facelift 2002 – Baumuster 903**

| Typ | Sprinter 3,55 t ECO | Sprinter 3,88 t ECO | Sprinter ECO Mobility | Sprinter 13 ECO Mobility | Sprinter VIP |
|---|---|---|---|---|---|
| Motor | OM 611 DE 22 LA | OM 611 DE 22 LA | OM 611 DE 22 LA | OM 611 DE 22 LA | OM 611 DE 22 LA |
| Zylinder | 4 | 4 | 4 | 4 | 4 |
| Hubraum in cm$^3$ | 2151 | 2151 | 2151 | 2151 | 2151 |
| Leistung in PS | 82 | 82 | 82 | 82 | 82 |
| L x B x H in mm | 5640 x 1933 x 2595 | 6590 x 1933 x 2575 | 5640 x 1933 x 2595 | 6590 x 1933 x 2575 | 5640 x 1933 x 2690 |
| Radstand in mm | 3055 | 4025 | 3055 | 4025 | 3550 |
| Bauzeit | 2002–2006 | 2002–2006 | 2002–2006 | 2002–2006 | 2003–2006 |
| Anmerkungen | Motor nach EURO 3-Norm; auf Wunsch auch mit 109 oder 129 PS oder mit OM 612 DE 27 LA mit 156 PS | Motor nach EURO 3-Norm; auf Wunsch auch mit 109 oder 129 PS oder mit OM 612 DE 27 LA mit 156 PS | zul. GG 3,2 t oder 3,5 t; Motor nach EURO 3-Norm; auf Wunsch auch mit 109 oder 129 PS oder mit OM 612 DE 27 LA mit 156 PS | zul. GG 3,2 t oder 3,5 t; Motor nach EURO 3-Norm; auf Wunsch auch mit 109 oder 129 PS oder mit OM 612 DE 27 LA mit 156 PS | Motor nach EURO 3-Norm; auf Wunsch auch mit 109 oder 129 PS oder mit OM 612 DE 27 LA mit 156 PS |

**Facelift 2002 – Baumuster 904**

| Typ | Sprinter 4,6 t ECO | Sprinter 4,6 t ECO | Sprinter 4,6 t Classic | Sprinter 4,6 t Classic L | Sprinter 4,6 t Classic L | Sprinter 4,6 t NF | Sprinter 4,6 t NF NGT |
|---|---|---|---|---|---|---|---|
| Motor | OM 611 DE 22 LA | OM 611 DE 22 LA | OM 611 DE 22 LA | OM 611 DE 22 LA | OM 611 DE 22 LA | OM 611 DE 22 LA | M 111 E 2.3 LA |
| Zylinder | 4 | 4 | 4 | 4 | 4 | 4 | 4 |
| Hubraum in cm³ | 2151 | 2151 | 2151 | 2151 | 2151 | 2151 | 2295 |
| Leistung in PS | 82 | 82 | 109 | 109 | 109 | 109 | 129 |
| L x B x H in mm | 6590 x 1933 x 2665 | 7330 x 1933 x 2665 | 6590 x 1994 x 2665 | 6995 x 1994 x 2665 | 7330 x 1994 x 2665 | 6590 x 1994 x 2610 | 6590 x 1994 x 2610 |
| Radstand in mm | 4025 | 4025 | 4025 | 4025 | 4025 | 4025 | 4025 |
| Bauzeit | 2002–2006 | 2002–2006 | 2002–2006 | 2002–2006 | 2002–2006 | 2002–2006 | 2002–2006 |
| Anmerkungen | Motor nach EURO 3-Norm; auf Wunsch auch mit 109 oder 129 PS oder mit OM 612 DE 27 LA mit 156 PS | Motor nach EURO 3-Norm; auf Wunsch auch mit 109 oder 129 PS oder mit OM 612 DE 27 LA mit 156 PS | Motor nach EURO 3-Norm; auf Wunsch auch mit 129 PS oder mit OM 612 DE 27 LA mit 156 PS | Motor nach EURO 3-Norm; auf Wunsch auch mit 129 PS oder mit OM 612 DE 27 LA mit 156 PS | Motor nach EURO 3-Norm; auf Wunsch auch mit 129 PS oder mit OM 612 DE 27 LA mit 156 PS | Motor nach EURO 3-Norm; auf Wunsch auch mit 129 PS oder mit OM 612 DE 27 LA mit 156 PS | Motor nach EURO 3-Norm; mit Erdgas-antrieb |

Auch der Sprinter Classic läuft auf manchen Exportmärkten als Sprinter Tourist.
*Pressefoto Daimler Truck AG*

Die Sprinter-Niederflurlinienomnibusse heißen nun Sprinter NF.
*Pressefoto Daimler Truck AG*

Der Sprinter NF ist als Sprinter NF NGT auch mit Erdgasantrieb zu haben. *Foto Alessandro Zanotti*

Ein Sprinter Classic Reiseomnibus auf dem neuen 6-t-Fahrgestell mit eigenständiger Karosserielinie rundet das Minibusprogramm nun nach oben ab. *Pressefoto Daimler Truck AG*

Zudem gibt es auf dem 6-t-Fahrgestell auch einen Sprinter NF Linienomnibus. *Pressefoto Daimler Truck AG*

Einer der Verkehrsbetriebe, der sich für den Sprinter 6 t NF entschieden hat, ist die Freiburger VAG. *Foto Alexander Weber*

Neben den Serienmodellen gibt es auch Sonderanfertigungen wie diesen Sprinter Classic für den VIP-Transport mit 1 + 1-Bestuhlung.
*Pressefoto Daimler Truck AG*

Die Firma Bonk Reisen betreibt im Auftrag der Verkehrsbetriebe Heilbronn die Linie 13, auf der im Juni 2012 dieser Sprinter 416 CDI mit Kowex-Aufbau zum Einsatz kommt.
*Foto Alexander Weber*

**Facelift 2002 – Baumuster 905**

| Typ | Sprinter 6 t Classic | Sprinter 6 t NF |
|---|---|---|
| Motor | OM 612 DE 27 LA | OM 612 DE 27 LA |
| Zylinder | 4 | 4 |
| Hubraum in $cm^3$ | 2686 | 2686 |
| Leistung in PS | 156 | 156 |
| L x B x H in mm | 7558 x 2310 x 2795 | 7558 x 2310 x 2795 |
| Radstand in mm | 4250 | 4250 |
| Bauzeit | 2002–2006 | 2002–2006 |
| Anmerkungen | Motor nach EURO 3-Norm | Motor nach EURO 3-Norm |

Eurojoy nennt sich dieser Aufbau-Typ von Sitcar für das Sprinter-Chassis.
*Foto Alexander Weber*

Hier sehen wir einen Sprinter 616 CDI mit Sunset L-Karosserie von Omnibustrading.
*Foto Alexander Weber*

Der spanische Aufbauhersteller Noge hat für das Sprinter 6 t-Fahrgestell eine Reiseomnibuskarosserie im Programm, die dem Sprinter 6 t Classic ähnelt, aber noch breiter als dieser ist und somit eine 2 + 2-Bestuhlung aufweist.
*Pressefoto Daimler Truck AG*

# Sprinter NCV 3 (Baumuster 906 [Chassis] / 612 [Aufbau])

## Die Sprinter Minibusse werden erwachsen

2006 löst der Sprinter NCV 3 als optische und technische Weiterentwicklung des T 1 N die Sprinter-Modelle der ersten Generation ab. Auf Basis des NCV 3 präsentiert die Mercedes-Benz Minibus GmbH, die Anfang 2004 mit der Übernahme der restlichen 51 Prozent der Karl Koch GmbH durch die EvoBus von dieser gegründet wurde, noch im selben Jahr ein komplett neu entwickeltes Minibus-Programm. Dieses gliedert sich in die Modellreihen Sprinter Transfer, Sprinter Travel, Sprinter Mobility und Sprinter City, letztere mit großzügiger Niederflurzone zwischen den Achsen. Allen gemein ist das Fahrwerk mit Einzelradaufhängung vorne und Hypoid-Antriebsachse. Diese ist blattgefedert, bei den City-Modellen über fünf Tonnen zulässigem Gesamtgewicht und beim Travel 65 dagegen luftgefedert, wobei die Luftfederung außer bei der Mobility-Reihe auch bei einigen der leichteren Modelle als Zusatzausstattung geordert werden kann. Das aus dem T 1 N bekannte Bremssystem ergänzen beim NCV 3 nun ein serienmäßiges ESP und der Bremsassistent BA. Zusätzlich ist noch der Anfahrassistent AAS auf Wunsch erhältlich, der bei den City-Modellen zum Serienstandard gehört. Für den Antrieb sorgen in allen NCV 3-Minibussen Reihenvierzylinder der Baureihe OM 646, die mit einem Sechsgang-Schaltgetriebe oder einer Fünfgangautomatik kombiniert werden können, welche bei den City-Modellen wiederum Serienstandard ist. Für die Travel-Modelle steht als alternative Motorisierung zudem der Sechszylinder OM 642 DE 30 LA zur Verfügung. Zum Modelljahr 2009 erfolgt die Umstellung auf Motoren der EURO-Norm 5, was bei den Vierzylindern den Wechsel zur Motoren-Baureihe OM 651 bedingt. Des Weiteren ist der Sechszylinder OM 642 nun auch für die Transfer-Modelle ab fünf Tonnen zulässigem Gesamtgewicht als Sonderausstattung zu haben.

*weiter auf Seite 228*

Im Jahr 2006 kommt die zweite Generation des Sprinter – der Sprinter NCV 3 – auf den Markt. Die Niederflurlinienmodelle, die die Minibus GmbH auf seiner Basis anbietet, werden als City-Modellreihe vermarktet. Kleinster Vertreter ist der City 35. Auf der Innenansicht ist sehr gut der niederflurige Einstiegsbereich zwischen den Achsen zu erkennen.
*Pressefotos Daimler AG*

Diese Serie von sechs Sprinter City 35 geht 2010 nach Berlin.
*Pressefoto Daimler AG*

Auch die schweizerische PostAuto AG setzt den Sprinter City 35 ein.
*Pressefoto Daimler AG*

| Typ | Sprinter City 35 | Sprinter City 35 | Sprinter City 65 K | Sprinter City 65 K | Sprinter City 65 | Sprinter City 65 | Sprinter City 77 |
|---|---|---|---|---|---|---|---|
| Motor | OM 646 DE 22 LA | OM 651 | OM 646 DE 22 LA | OM 651 | OM 646 DE 22 LA | OM 651 | OM 651 |
| Zylinder | 4 | 4 | 4 | 4 | 4 | 4 | 4 |
| Hubraum in cm³ | 2148 | 2143 | 2148 | 2143 | 2148 | 2143 | 2143 |
| Leistung in PS | 109 | 129 | 150 | 163 | 150 | 163 | 163 |
| L x B x H in mm | 6945 x 1993 x 2795 | 6945 x 1993 x 2770 | 7000 x 1993 x 2890 | 7000 x 1993 x 2845 | 7700 x 1993 x 2890 | 7700 x 1993 x 2845 | 8700 x 1993 x 2875 |
| Radstand in mm | 4325 | 4325 | 4325 | 4325 | 4325 | 4325 | 4100 + 990 |
| Bauzeit | 2006–2008 | 2009–2012 | 2006–2008 | 2009–2012 | 2006–2008 | 2009–2012 | 2010–2012 |
| Anmerkungen | zul. GG 5 t; Motor nach EURO 4-Norm | zul. GG 5 t; Motor nach EURO 5-Norm; auf Wunsch auch mit 163 PS | zul. GG 5,5 t; Motor nach EURO 4-Norm | zul. GG 5,65 t; Motor nach EURO 5-Norm | zul. GG 5,65 t; Motor nach EURO 4-Norm | zul. GG 5,65 t; Motor nach EURO 5-Norm | zul. GG 6,8 t; Motor nach EURO 5-Norm |

Nächst größeres Modell der City-Reihe ist der Sprinter City 65 K mit einem zusätzlichen Heckeinstieg.
*Pressefotos Daimler AG*

Der Sprinter City 65 hat denselben Radstand wie der City 65 K, aber einen deutlich verlängerten, hinteren Überhang.
*Pressefoto Daimler AG*

Einer der Kunden, die sich für den Sprinter City 65 entscheiden, ist die EMT in Palma de Mallorca.
*Pressefoto Daimler AG*

Spitzenmodell der City-Reihe ist der voll niederflurige Dreiachser Sprinter City 77, der 2010 präsentiert wird. Im Fahrgastraum sind lediglich die Sitze auf Podesten angeordnet.
*Pressefotos Daimler AG*

Die Stadtwerke Dachau setzen den Sprinter City 77 auf der Linie 719 ein.
*Foto Alexander Weber*

Für den Transport mobilitätseingeschränkter Fahrgäste gibt es die Mobility-Reihe. Einsteigermodell ist der Sprinter Mobility 23. Im Heck kann ein Rollstuhlhublift eingebaut werden.
*Pressefotos Daimler AG*

Deutlich mehr Platz bietet der größere Sprinter Mobility 33. Anstelle eines Hubliftes ist dieses Exemplar mit einer ausklappbaren Rampe am Heck versehen. *Pressefotos Daimler AG*

Der Fahrerplatz im Sprinter Mobility 33 unterscheidet sich nicht von dem im Sprinter Transporter, auf dessen Basis er entsteht. *Pressefoto Daimler AG*

Auf dieser Innenaufnahme eines Sprinter Mobility 33 sind neben der Heckrampe auch die Schienen im Boden gut erkennbar, auf denen die Sitze je nach Bedarf verschoben werden können. *Pressefoto Daimler AG*

| Typ | Sprinter Mobility 23 | Sprinter Mobility 23 | Sprinter Mobility 33 | Sprinter Mobility 33 |
|---|---|---|---|---|
| Motor | OM 646 DE 22 LA | OM 651 | OM 646 DE 22 LA | OM 651 |
| Zylinder | 4 | 4 | 4 | 4 |
| Hubraum in $cm^3$ | 2148 | 2143 | 2148 | 2143 |
| Leistung in PS | 109 | 129 | 109 | 129 |
| L x B x H in mm | 5910 x 1993 x 2680 | 5910 x 1993 x 2680 | 6945 x 1993 x 2680 | 6945 x 1993 x 2680 |
| Radstand in mm | 3665 | 3665 | 4325 | 4325 |
| Bauzeit | 2006–2008 | 2009–2012 | 2006–2008 | 2009–2012 |
| Anmerkungen | zul. GG 3,5 t; Motor nach EURO 4-Norm; auf Wunsch auch mit 150 PS | zul. GG 3,5 t; Motor nach EURO 5-Norm; auf Wunsch auch mit 163 PS | zul. GG 3,5 t; Motor nach EURO 4-Norm; auf Wunsch auch mit 150 PS | zul. GG 3,5 t; Motor nach EURO 5-Norm; auf Wunsch auch mit 163 PS |

| Typ | Sprinter Transfer 23 | Sprinter Transfer 23 | Sprinter Transfer 34 | Sprinter Transfer 34 |
|---|---|---|---|---|
| Motor | OM 646 DE 22 LA | OM 651 | OM 646 DE 22 LA | OM 651 |
| Zylinder | 4 | 4 | 4 | 4 |
| Hubraum in $cm^3$ | 2148 | 2143 | 2148 | 2143 |
| Leistung in PS | 88 | 95 | 109 | 129 |
| L x B x H in mm | 5910 x 1993 x 2680 | 5910 x 1993 x 2680 | 6945 x 1993 x 2680 | 6945 x 1993 x 2680 |
| Radstand in mm | 3665 | 3665 | 4325 | 4325 |
| Bauzeit | 2006–2008 | 2009–2012 | 2006–2008 | 2009–2012 |
| Anmerkungen | zul. GG 3,55 t; Motor nach EURO 4-Norm | zul. GG 3,55 t; Motor nach EURO 5-Norm; auf Wunsch auch mit 129 oder 163 PS | zul. GG 3,88 t; Motor nach EURO 4-Norm | zul. GG 3,88 t; Motor nach EURO 5-Norm; auf Wunsch auch mit 163 PS |

Ebenfalls auf Transporter-Basis fertigt die Minibus GmbH die Transfer-Baureihe. Einsteigermodell ist hier der Sprinter Transfer 23. Recht einfach gestaltet präsentiert sich sein Innenraum.

*Pressefotos Daimler AG*

Dank des größeren Radstandes finden im Sprinter Transfer 34 mehr Sitzreihen und damit auch mehr Fahrgäste Platz.
*Pressefotos Daimler AG*

Der Sprinter Transfer 35 entspricht bei Gesamtlänge und Radstand dem Sprinter Transfer 34. Der Zustieg der Fahrgäste erfolgt bei ihm aber über die Vordertüre und nicht über eine seitliche Schiebetüre.
*Pressefoto Daimler AG*

| Typ | Sprinter Transfer 35 | Sprinter Transfer 35 | Sprinter Transfer 45 | Sprinter Transfer 45 | Sprinter Transfer 55 | Sprinter Transfer 55 |
|---|---|---|---|---|---|---|
| Motor | OM 646 DE 22 LA | OM 651 | OM 646 DE 22 LA | OM 651 | OM 646 DE 22 LA | OM 651 |
| Zylinder | 4 | 4 | 4 | 4 | 4 | 4 |
| Hubraum in $cm^3$ | 2148 | 2143 | 2148 | 2143 | 2148 | 2143 |
| Leistung in PS | 109 | 129 | 109 | 129 | 109 | 129 |
| L x B x H in mm | 6945 x 1993 x 2745 | 6945 x 1993 x 2745 | 7345 x 1993 x 2745 | 7345 x 1993 x 2745 | 7665 x 1993 x 2745 | 7665 x 1993 x 2745 |
| Radstand in mm | 4325 | 4325 | 4325 | 4325 | 4325 | 4325 |
| Bauzeit | 2006–2008 | 2009–2012 | 2006–2008 | 2009–2012 | 2006–2008 | 2009–2012 |
| Anmerkungen | zul. GG 5 t; Motor nach EURO 4-Norm | zul. GG 5 t; Motor nach EURO 5-Norm; auf Wunsch auch mit 163 PS oder mit OM 642 mit 190 PS | zul. GG 5 t; Motor nach EURO 4-Norm | zul. GG 5 t; Motor nach EURO 5-Norm; auf Wunsch auch mit 163 PS oder mit OM 642 mit 190 PS | zul. GG 5 t / 5,3t; Motor nach EURO 4-Norm | zul. GG 5 t / 5,3t; Motor nach EURO 5-Norm; auf Wunsch auch mit 163 PS oder mit OM 642 mit 190 PS |

Der Sprinter Transfer 45 verfügt über einen vergrößerten, hinteren Überhang. Der Radstand entspricht dem des kleineren Transfer 35.
*Pressefotos Daimler AG*

Topmodell der Transfer-Reihe ist der Sprinter Transfer 55 mit dem Reiseheck der Travel-Reihe und der ebenfalls von den Travel-Modellen übernommenen Außenschwingtüre als Einstieg.
*Pressefotos Daimler AG*

Mit der Travel-Reihe wird das Reisesegment abgedeckt. Die Modellreihe beginnt mit dem Sprinter Travel 45.

*Pressefotos Daimler AG*

Der größere Sprinter Travel 55 verfügt über eine Heckverlängerung und ein spezielles Reiseheck mit Kofferraum. In seinem Fahrgastraum dominieren bequeme Komfortreisesitze.

*Pressefotos Daimler AG*

Mit komplett eigenständiger Karosserielinie zeigt sich der Sprinter Travel 65, der das Spitzenmodell der Sprinter-Minibusfamilie darstellt. Oben rechts sehen wir sein Cockpit.
*Pressefotos Daimler AG*

| Typ | **Sprinter Travel 45** | **Sprinter Travel 45** | **Sprinter Travel 55** | **Sprinter Travel 55** | **Sprinter Travel 65** | **Sprinter Travel 65** |
|---|---|---|---|---|---|---|
| Motor | OM 646 DE 22 LA | OM 651 | OM 646 DE 22 LA | OM 651 | OM 646 DE 22 LA | OM 651 |
| Zylinder | 4 | 4 | 4 | 4 | 4 | 4 |
| Hubraum in $cm^3$ | 2148 | 2143 | 2148 | 2143 | 2148 | 2143 |
| Leistung in PS | 109 | 129 | 109 | 129 | 150 | 163 |
| L x B x H in mm | 7345 x 1993 x 2820 | 7345 x 1993 x 2820 | 7665 x 1993 x 2820 | 7665 x 1993 x 2820 | 7700 x 1993 x 2875 | 7700 x 1993 x 2875 |
| Radstand in mm | 4325 | 4325 | 4325 | 4325 | 4325 | 4325 |
| Bauzeit | 2006–2008 | 2009–2012 | 2006–2008 | 2009–2012 | 2006–2008 | 2009–2012 |
| Anmerkungen | zul. GG 5 t / 5,3t; Motor nach EURO 4-Norm; auf Wunsch auch mit OM 642 DE 30 LA mit 184 PS | zul. GG 5 t / 5,3t; Motor nach EURO 5-Norm; auf Wunsch auch mit 163 PS oder mit OM 642 mit 190 PS | zul. GG 5 t / 5,3t; Motor nach EURO 4-Norm; auf Wunsch auch mit OM 642 DE 30 LA mit 184 PS | zul. GG 5 t / 5,3t; Motor nach EURO 5-Norm; auf Wunsch auch mit 163 PS oder mit OM 642 mit 190 PS | zul. GG 5,45 t; Motor nach EURO 4-Norm; auf Wunsch auch mit OM 642 DE 30 LA mit 184 PS | zul. GG 5,45 t; Motor nach EURO 5-Norm; auf Wunsch auch mit OM 642 mit 190 PS |

Im Jahr darauf ergänzt zudem noch der vollniederflurige City 77 mit einer Tandemhinterachse mit Einzelradaufhängung, die aus Bauteilen der konzerneigenen Viano-Hinterachse entwickelt wurde, das Programm weiter. Der 8,7 m lange Stadtlinienomnibus bietet Platz für bis zu 40 Fahrgäste und verfügt ebenso wie der Sprinter City 65 über eine Kneeling-Absenkung auf der Fahrgasteinstiegsseite. Optional ist eine automatische Haltestellenbremse sowie eine elektrisch betätigte Einstiegsrampe an der doppelflügeligen Fahrgasttür vorn lieferbar. Mit dem Übergang zu EURO 6-Motoren im Jahr 2013 erhält die komplette Minibus-Familie, ebenso wie die NCV 3-Transporter, ein leichtes Facelift, das an der veränderten Motorhaube, dem neuen Kühlergrill und neugestalteten, nahezu rechteckigen Frontscheinwerfern zu erkennen ist. Gleichzeitig erweitert die Minibus GmbH das Angebot der Mobility-Reihe noch um die beiden neuen, schweren Modelle Sprinter Mobility 35 und 45. 2018 lösen dann die Sprinter der dritten Generation den NCV 3 ab.

Auf dem RDA-Workshop in Köln im Jahr 2012 zeigt Omnibus Trading diesen Sprinter NCV 3 als Sightseeingbus Sunset. *Foto Alexander Weber*

Capri nennt sich diese Karosserie des italienischen Karosseriebauers D'Auria auf NCV 3-Basis. *Foto Alexander Weber*

Im Quadratisch-praktisch-gut-Design ist dieser NCV 3 Linienomnibus von Vehixel gehalten. *Foto Alexander Weber*

In der Stadt Terracina versieht dieser Hochboden-Linienomnibus auf NCV 3-Basis seinen Dienst. Der Aufbau stammt von Tomassini. *Foto Alessandro Zanotti*

2013 wird die komplette NCV 3-Familie auf EURO 6-Triebwerke umgestellt, was man für ein leichtes Facelift nutzt. Dies ist an der veränderten Motorhaube, dem neuen Kühlergrill und neugestalteten, nahezu rechteckigen Frontscheinwerfern zu erkennen, wie hier an diesem Sprinter City 35 EURO 6 zu sehen. Auch der Fahrerplatz erfährt beim Facelift eine leichte Überarbeitung.
*Pressefotos Daimler AG*

Hier sehen wir einen Sprinter City 65 EURO 6. Am niederflurigen Einstieg kann eine Rampe für Rollstuhlfahrer ausgeklappt werden.
*Pressefotos Daimler AG*

Der Sprinter City 65 EURO 6 ist auch in einer Version ohne den Heckeinstieg zu haben, die für den Einsatz auf Überlandstrecken gedacht ist.
*Pressefotos Daimler AG*

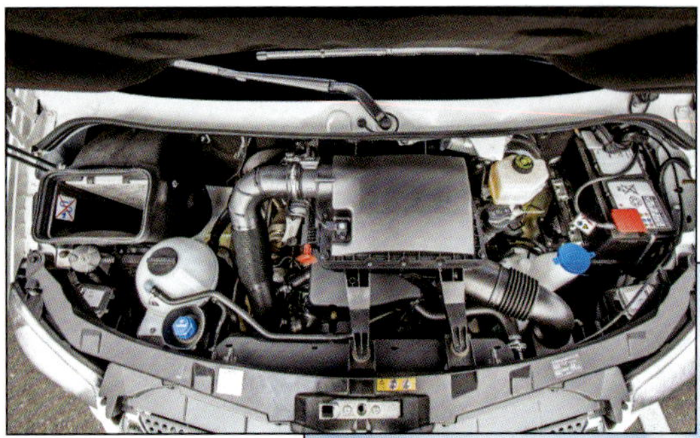

Als vollniederfluriges Fahrzeug hat der Sprinter City 77 EURO 6 ausklappbare Rampen an beiden Einstiegen.
*Pressefoto Daimler AG*

*Oben:* Der Vierzylinder OM 651 ist das Standardtriebwerk für die EURO 6-Minibusse auf NCV 3-Basis.
*Pressefoto Daimler AG*

### Facelift 2013

| Typ | Sprinter City 35 | Sprinter City 35 | Sprinter City 65 K | Sprinter City 65 K | Sprinter City 65 | Sprinter City 65 | Sprinter City 77 | Sprinter City 77 |
|---|---|---|---|---|---|---|---|---|
| Motor | OM 651 | OM 651 | OM 651 | OM 651 | OM 651 | OM 651 | OM 651 | OM 651 |
| Zylinder | 4 | 4 | 4 | 4 | 4 | 4 | 4 | 4 |
| Hubraum in $cm^3$ | 2143 | 2143 | 2143 | 2143 | 2143 | 2143 | 2143 | 2143 |
| Leistung in PS | 129 | 143 | 163 | 163 | 163 | 163 | 163 | 163 |
| L x B x H in mm | 6961 x 1993 x 2830 | 6961 x 1993 x 2790 | 7061 x 1993 x 2845 | 7061 x 1993 x 2834 | 7716 x 1993 x 2845 | 7716 x 1993 x 2834 | 8716 x 2155 x 2845 | 8716 x 2155 x 2834 |
| Radstand in mm | 4325 | 4325 | 4325 | 4325 | 4325 | 4325 | 4100 + 990 | 4100 + 990 |
| Bauzeit | 2013–2015 | 2016–2018 | 2013–2015 | 2016–2018 | 2013–2015 | 2016–2018 | 2013–2015 | 2016–2018 |
| Anmerkungen | zul. GG 5 t; Motor nach EURO 6-Norm; auf Wunsch auch mit 163 PS | zul. GG 5 t; Motor nach EURO 6-Norm; auf Wunsch auch mit 163 PS | zul. GG 5,65 t; Motor nach EURO 6-Norm | zul. GG 5,65 t; Motor nach EURO 6-Norm | zul. GG 5,65 t; Motor nach EURO 6-Norm | zul. GG 5,65 t; Motor nach EURO 6-Norm | zul. GG 6,8 t; Motor nach EURO 6-Norm | zul. GG 6,8 t; Motor nach EURO 6-Norm |

Ein Sprinter Mobility 23 EURO 6 mit Rollstuhlhublift im Heck ist auf diesen beiden Aufnahmen zu sehen.
*Pressefotos Daimler Truck AG*

Auch dieser Sprinter Mobility 33 EURO 6 verfügt über einen Rollstuhlhublift im Heck.
*Pressefotos Daimler AG*

Neu ins Programm kommt 2013 der schwere Sprinter Mobility 45 EURO 6 mit fünf Tonnen zulässigem Gesamtgewicht.
*Pressefotos Daimler Truck AG*

**Facelift 2013**

| Typ | Sprinter Mobility 23 | Sprinter Mobility 23 | Sprinter Mobility 33 | Sprinter Mobility 33 | Sprinter Mobility 35 | Sprinter Mobility 35 | Sprinter Mobility 45 | Sprinter Mobility 45 |
|---|---|---|---|---|---|---|---|---|
| Motor | OM 651 | OM 651 | OM 651 | OM 651 | OM 651 | OM 651 | OM 651 | OM 651 |
| Zylinder | 4 | 4 | 4 | 4 | 4 | 4 | 4 | 4 |
| Hubraum in $cm^3$ | 2143 | 2143 | 2143 | 2143 | 2143 | 2143 | 2143 | 2143 |
| Leistung in PS | 129 | 143 | 129 | 143 | 129 | 143 | 129 | 143 |
| L x B x H in mm | 5926 x 1993 x 2760 | 5926 x 1993 x 2650 | 6961 x 1993 x 2760 | 6961 x 1993 x 2650 | 6961 x 1993 x 2830 | 6961 x 1993 x 2790 | 7361 x 1993 x 2830 | 7361 x 1993 x 2790 |
| Radstand in mm | 3665 | 3665 | 4325 | 4325 | 4325 | 4325 | 4325 | 4325 |
| Bauzeit | 2013–2015 | 2016–2018 | 2013–2015 | 2016–2018 | 2013–2015 | 2016–2018 | 2013–2015 | 2016–2018 |
| Anmerkungen | zul. GG 3,5 t; Motor nach EURO 6-Norm; auf Wunsch auch mit 163 PS | zul. GG 3,5 t; Motor nach EURO 6-Norm; auf Wunsch auch mit 114 oder 163 PS | zul. GG 3,5 t; Motor nach EURO 6-Norm; auf Wunsch auch mit 163 PS | zul. GG 3,5 t; Motor nach EURO 6-Norm; auf Wunsch auch mit 114 oder 163 PS | zul. GG 5 t; Motor nach EURO 6-Norm; auf Wunsch auch mit 163 PS oder mit OM 642 mit 190 PS | zul. GG 5 t; Motor nach EURO 6-Norm; auf Wunsch auch mit 163 PS oder mit OM 642 mit 190 PS | zul. GG 5 t / 5,3 t; Motor nach EURO 6-Norm; auf Wunsch auch mit 163 PS oder mit OM 642 mit 190 PS | zul. GG 5 t / 5,3 t; Motor nach EURO 6-Norm; auf Wunsch auch mit 163 PS oder mit OM 642 mit 190 PS |

Beim Sprinter Transfer 34 EURO 6 erfolgt der Zustieg zum Fahrgastraum wie gehabt über eine Schiebetüre.
*Pressefotos Daimler AG*

*Links:* Auf dieser Abbildung ist ein Sprinter Transfer 45 in EURO 6-Version zu sehen.
*Pressefoto Daimler AG*

*Unten:* Das größte Modell der Transfer-Reihe bleibt der Sprinter Transfer 55 EURO 6 mit seinem Reiseheck, in dem ein Kofferraum untergebracht ist. *Pressefotos Daimler AG*

**Facelift 2013**

| Typ | Sprinter Transfer 23 | Sprinter Transfer 23 | Sprinter Transfer 34 | Sprinter Transfer 34 |
|---|---|---|---|---|
| Motor | OM 651 | OM 651 | OM 651 | OM 651 |
| Zylinder | 4 | 4 | 4 | 4 |
| Hubraum in $cm^3$ | 2143 | 2143 | 2143 | 2143 |
| Leistung in PS | 95 | 114 | 129 | 143 |
| L x B x H in mm | 5926 x 1993 x 2760 | 5926 x 1993 x 2790 | 6961 x 1993 x 2760 | 6961 x 1993 x 2790 |
| Radstand in mm | 3665 | 3665 | 4325 | 4325 |
| Bauzeit | 2013–2015 | 2016–2018 | 2013–2015 | 2016–2018 |
| Anmerkungen | zul. GG 3,55 t; Motor nach EURO 6-Norm; auf Wunsch auch mit 129 oder 163 PS | zul. GG 3,55 t; Motor nach EURO 6-Norm; auf Wunsch auch mit 143 oder 163 PS | zul. GG 3,88 t; Motor nach EURO 6-Norm; auf Wunsch auch mit 163 PS | zul. GG 3,88 t; Motor nach EURO 6-Norm; auf Wunsch auch mit 163 PS |

**Facelift 2013**

| | | | | | | |
|---|---|---|---|---|---|---|
| Typ | **Sprinter Transfer 35** | **Sprinter Transfer 35** | **Sprinter Transfer 45** | **Sprinter Transfer 45** | **Sprinter Transfer 55** | **Sprinter Transfer 55** |
| Motor | OM 651 | OM 651 | OM 651 | OM 651 | OM 651 | OM 651 |
| Zylinder | 4 | 4 | 4 | 4 | 4 | 4 |
| Hubraum in $cm^3$ | 2143 | 2143 | 2143 | 2143 | 2143 | 2143 |
| Leistung in PS | 129 | 143 | 129 | 143 | 129 | 143 |
| L x B x H in mm | 6961 x 1993 x 2830 | 6961 x 1993 x 2790 | 7361 x 1993 x 2830 | 7361 x 1993 x 2790 | 7681 x 1993 x 2830 | 7681 x 1993 x 2790 |
| Radstand in mm | 4325 | 4325 | 4325 | 4325 | 4325 | 4325 |
| Bauzeit | 2013–2015 | 2016–2018 | 2013–2015 | 2016–2018 | 2013–2015 | 2016–2018 |
| Anmerkungen | zul. GG 5 t; Motor nach EURO 6-Norm; auf Wunsch auch mit 163 PS oder mit OM 642 mit 190 PS | zul. GG 5 t; Motor nach EURO 6-Norm; auf Wunsch auch mit 163 PS oder mit OM 642 mit 190 PS | zul. GG 5 t / 5,3 t; Motor nach EURO 6-Norm; auf Wunsch auch mit 163 PS oder mit OM 642 mit 190 PS | zul. GG 5 t / 5,3 t; Motor nach EURO 6-Norm; auf Wunsch auch mit 163 PS oder mit OM 642 mit 190 PS | zul. GG 5 t / 5,3 t; Motor nach EURO 6-Norm; auf Wunsch auch mit 163 PS oder mit OM 642 mit 190 PS | zul. GG 5 t / 5,3 t; Motor nach EURO 6-Norm; auf Wunsch auch mit 163 PS oder mit OM 642 mit 190 PS |

*Oben:* Das Angebot an Reiseomnibussen beginnt mit dem Sprinter Travel 45 EURO 6.

*Pressefotos Daimler AG*

*Rechts:* Darüber rangiert der größere Sprinter Travel 55 EURO 6 mit Reiseheck.

*Pressefotos Daimler Truck AG*

Spitzenmodell der Sprinter NCV 3 Minibusse bleibt der Sprinter Travel 65 EURO 6. Er steht bei der Ausgestaltung des Fahrgastraumes ausgewachsenen Reiseomnibussen in nichts nach.
*Pressefotos Daimler AG*

### Facelift 2013

| | | | | | |
|---|---|---|---|---|---|
| Typ | **Sprinter Travel 45** | **Sprinter Travel 45** | **Sprinter Travel 55** | **Sprinter Travel 55** | **Sprinter Travel 65** |
| Motor | OM 651 | OM 651 | OM 651 | OM 651 | OM 651 |
| Zylinder | 4 | 4 | 4 | 4 | 4 |
| Hubraum in $cm^3$ | 2143 | 2143 | 2143 | 2143 | 2143 |
| Leistung in PS | 129 | 143 | 129 | 143 | 163 |
| L x B x H in mm | 7361 x 1993 x 2830 | 7361 x 1993 x 2790 | 7681 x 1993 x 2830 | 7681 x 1993 x 2790 | 7716 x 1993 x 2845 |
| Radstand in mm | 4325 | 4325 | 4325 | 4325 | 4325 |
| Bauzeit | 2013–2015 | 2016–2018 | 2013–2015 | 2016–2018 | 2013–2019 |
| Anmerkungen | zul. GG 5 t / 5,3 t; Motor nach EURO 6-Norm; auf Wunsch auch mit 163 PS oder mit OM 642 mit 190 PS | zul. GG 5 t / 5,3 t; Motor nach EURO 6-Norm; auf Wunsch auch mit 163 PS oder mit OM 642 mit 190 PS | zul. GG 5 t / 5,3 t; Motor nach EURO 6-Norm; auf Wunsch auch mit 163 PS oder mit OM 642 mit 190 PS | zul. GG 5 t / 5,3 t; Motor nach EURO 6-Norm; auf Wunsch auch mit 163 PS oder mit OM 642 mit 190 PS | zul. GG 5,45 t; Motor nach EURO 6-Norm; auf Wunsch auch mit OM 642 mit 190 PS |

*Oben:* Vor den Messehallen in Kortrijk wirbt dieser NCV 3 EURO 6 mit Aufbau von Tekaydinlar für die Fahrzeuge, die der türkische Minibus-spezialist auf der Busworld 2017 zeigt. *Foto Alexander Weber*

*Mitte links:* Einen rechtsgelenkten Linienomnibus auf NCV 3 EURO 6-Basis des litauischen Herstellers Altas sehen wir hier. *Foto Alexander Weber*

*Mitte rechts:* Der Inurban ist ein Linienomnibus auf einem NCV 3 EURO 6-Fahrgestell des spanischen Aufbauherstellers Integralia. *Foto Alexander Weber*

*Unten links:* VDL zeigt auf der IAA Nutzfahrzeuge 2016 diesen vollelektrischen Minibus namens Midbasic. Auch er basiert auf einem Sprinter NCV 3 EURO 6. *Foto Alexander Weber*

*Unten rechts:* Der Kutsenits City 516 ist ein niederfluriger Linienomnibus, den die Österreicher unter Verwendung eines Sprinter 516 CDI EURO 6 als Basisfahrzeug bauen. *Foto Alexander Weber*

# Sprinter VS 30 (Baumuster 907 [Chassis] / 613 [Aufbau])

## Die dritte Generation des Erfolgmodells

Die dritte und damit momentan aktuellste Sprinter-Generation mit dem internen Code VS 30 hat 2018 ihre Premiere und auch sie dient der Mercedes-Benz Minibus GmbH natürlich wieder als Basis für Minibusse der Modellreihen Sprinter Transfer, Sprinter Travel, Sprinter Mobility und der Low Entry-Baureihe Sprinter City, welche ab Ende 2018 schrittweise die Vorgängermodelle auf NCV 3-Basis ablösen. Das Fahrwerk des VS 30 präsentiert sich dabei in der bewährten Konfiguration aus vorderer Einzelradaufhängung mit querliegender GFK-Blattfeder und einer starren Hinterachse, wobei diese beim City 75 und Travel 75 als Hochlastachse ausgeführt und serienmäßig luftgefedert ist. Bei den anderen Modellen kommt an der Hinterachse eine Blattfederung zum Einbau, die aber außer beim Mobility 23 auf Wunsch gegen eine Luftfederung getauscht werden kann. Der Sprinter Mobility 23 ist dann auch das einzige Modell der Minibus-Familie, bei dem der aktive Bremsassistent ABA nicht serienmäßig vorhanden, sondern nur als Sonderausstattung verfügbar ist. Ansonsten präsentiert sich das Bremssystem in der aus dem NCV 3 bekannten Konfiguration mit Zweikreis-Hydraulik-Bremsanlage, ABS, ASR, ESP und hydraulischem Bremsassistenten BA. Zusätzlich ist wieder der Anfahrassistent AAS verfügbar, der in den City-Modellen Serienstandard ist, und bei allen Modellen ist nun ein Seitenwindassistent verbaut. Daneben sind je nach Modell noch verschiedene weitere Assistenzsysteme wie der aktive Abstandsassistent Distronic, ein Spurhalte-Assistent oder ein Totwinkel-Assistent zu haben, um hier nur einige zu nennen. Für den Antrieb in den neuen Sprinter VS 30-Minibussen sorgt der bekannte EURO 6-Vierzylinderdiesel OM 651 in unterschiedlichen Leistungsstufen bzw. auf Wunsch in den Transfer-Modellen und im Travel 75 der Sechszylinder OM 642. Kombiniert werden diese Motoren in den Modellreihen Mobility und Transfer mit einem Sechsgang-Schaltgetriebe, in den City-Modellen und im Travel 75 mit der Siebengang-Automatik 7G-Tronic Plus, die auch in allen anderen Modellen als Sonderausstattung geordert werden kann. Ende 2021 erfolgt die Umstellung der kompletten Minibus-Familie auf den neuen EURO 6 D-Diesel OM 654 und als Automatikgetriebe kommt nun die Neungang-Automatik 9G-Tronic zum Einbau. In dieser Form werden die VS 30-Minibusse bis heute produziert, allerdings seit Anfang 2022 nicht mehr unter dem Dach der zum 1. Dezember 2021 aus der Aufspaltung der früheren Daimler AG hervorgegangenen Daimler Truck Holding AG. Denn deren Tochter EvoBus GmbH hat zum 1. Januar 2022 die Mercedes-Benz Minibus GmbH mit ihrem Werk Dortmund an die Industriegruppe Aequita verkauft, die sie nun unter dem Namen Tremonia Mobility GmbH weiterführt und deren Produkte im Omnibusportfolio der Marke Mercedes-Benz weiterhin über die EvoBus-Vertriebskanäle vermarktet werden.

Die dritte Sprinter-Generation mit dem internen Code VS 30 hat 2018 ihre Premiere. Auf ihrer Basis bietet die Minibus GmbH wieder ein komplettes Minibusprogramm an. Hier sehen wir den noch stark getarnten Prototyp eines Sprinter City 75 bei Testfahrten.

*Pressefoto Daimler AG*

Kleinstes Modell der City-Reihe ist der Sprinter City 45. *Pressefotos Daimler AG*

Der Fahrerplatz der Sprinter Minibusse auf VS 30-Basis präsentiert sich bei den Modellreihen City, Travel und Transfer nahezu identisch. *Pressefoto Daimler Truck AG*

Der Vierzylinder OM 651 nach EURO 6-Norm treibt den Sprinter City 45 an. *Pressefoto Daimler AG*

Diese Sprinter City 45 gehen an das dänische Busunternehmen Kruse, das für die Busgesellschaft Movia unterwegs ist.
*Pressefoto Daimler AG*

Über dem Sprinter City 45 ist der größere Sprinter City 75 angesiedelt. *Pressefotos Daimler AG*

Dieser Sprinter City 75 der Firma Frank + Stöckle ist in Göppingen im Liniendienst unterwegs.
*Foto Alexander Weber*

*Links:* Auf diesem Foto des Fahrgastraumes des Sprinter City 75 ist sehr gut der Niederflurbereich zwischen den Achsen zu erkennen.
*Pressefoto Daimler AG*

*Rechts:* Den Sprinter City 75 gibt es in der Ausstattungsversion Interurban auch als Überlandlinienomnibus.
*Pressefoto Daimler Truck AG*

Die Koblenzer Verkehrsbetriebe erhalten 2020 den Sprinter City 75.
*Pressefoto Daimler AG*

| Typ | **Sprinter City 45** | **Sprinter City 45** | **Sprinter City 75** | **Sprinter City 75** |
|---|---|---|---|---|
| Motor | OM 651 | OM 654 | OM 651 | OM 654 |
| Zylinder | 4 | 4 | 4 | 4 |
| Hubraum in cm³ | 2143 | 1950 | 2143 | 1950 |
| Leistung in PS | 143 | 150 | 163 | 170 |
| L x B x H in mm | 7367 x 2020 x 2790 | 7367 x 2020 x 2790 | 8486 x 2080 x 2860 | 8486 x 2080 x 2860 |
| Radstand in mm | 4325 | 4325 | 5100 | 5100 |
| Bauzeit | 2018–2021 | 2021– | 2018–2021 | 2021– |
| Anmerkungen | zul. GG 5 t / 5,5 t; Motor nach EURO 6-Norm; auf Wunsch auch mit 163 PS | zul. GG 5 t / 5,5 t; Motor nach EURO 6 D-Norm; auf Wunsch auch mit 170 PS | zul. GG 6,8 t; Motor nach EURO 6-Norm | zul. GG 6,8 t; Motor nach EURO 6 D-Norm |

| Typ | **Sprinter Mobility 23** | **Sprinter Mobility 23** |
|---|---|---|
| Motor | OM 651 | OM 654 |
| Zylinder | 4 | 4 |
| Hubraum in cm³ | 2143 | 1950 |
| Leistung in PS | 114 | 114 |
| L x B x H in mm | 5932 x 2020 x 2650 | 5932 x 2020 x 2650 |
| Radstand in mm | 3665 | 3665 |
| Bauzeit | 2018–2021 | 2021– |
| Anmerkungen | zul. GG 3,5 t; Motor nach EURO 6-Norm; auf Wunsch auch mit 143 oder 163 PS | zul. GG 3,5 t; Motor nach EURO 6 D-Norm; auf Wunsch auch mit 150 oder 170 PS |

| Typ | **Sprinter Transfer 35** | **Sprinter Transfer 35** | **Sprinter Transfer 45** | **Sprinter Transfer 45** |
|---|---|---|---|---|
| Motor | OM 651 | OM 654 | OM 651 | OM 654 |
| Zylinder | 4 | 4 | 4 | 4 |
| Hubraum in cm³ | 2143 | 1950 | 2143 | 1950 |
| Leistung in PS | 143 | 150 | 143 | 150 |
| L x B x H in mm | 6967 x 2020 x 2790 | 6967 x 2020 x 2790 | 7367 x 2020 x 2790 | 7367 x 2020 x 2790 |
| Radstand in mm | 4325 | 4325 | 4325 | 4325 |
| Bauzeit | 2018–2021 | 2021– | 2018–2021 | 2021– |
| Anmerkungen | zul. GG 5 t; Motor nach EURO 6-Norm; auf Wunsch auch mit 163 PS oder mit OM 642 mit 190 PS | zul. GG 5 t; Motor nach EURO 6 D-Norm; auf Wunsch auch mit 170 oder 190 PS | zul. GG 5 t / 5,5 t; Motor nach EURO 6-Norm; auf Wunsch auch mit 163 PS oder mit OM 642 mit 190 PS | zul. GG 5 t / 5,5 t; Motor nach EURO 6 D-Norm; auf Wunsch auch mit 170 oder 190 PS |

Der Sprinter Mobility 23 ist das Einsteigermodell bei den Fahrzeugen für den Rollstuhltransport.
*Pressefotos Daimler AG*

Im Heck des Minibusses, der auf dem normalen Sprinter Transporter basiert, kann ein Rollstuhlhublift eingebaut werden. *Pressefoto Daimler AG*

Die Sitzbänke im Innenraum sind auf Schienen verschiebbar angeordnet. *Pressefoto Daimler Truck AG*

Auch die Transfer-Modelle – hier ein Sprinter Transfer 45 – basieren auf den Sprinter Transportern und werden von der Minibus GmbH zu Minibussen umgebaut. Oben links blicken wir in den Fahrgastraum eines Sprinter Transfer 45 mit einer 1 + 2-Bestuhlung. *Pressefotos Daimler AG*

| Typ | **Sprinter Travel 75** | **Sprinter Travel 75** |
|---|---|---|
| Motor | OM 651 | OM 654 |
| Zylinder | 4 | 4 |
| Hubraum in $cm^3$ | 2143 | 1950 |
| Leistung in PS | 163 | 170 |
| L x B x H in mm | 8486 x 2080 x 2860 | 8486 x 2080 x 2860 |
| Radstand in mm | 4325 | 4325 |
| Bauzeit | 2018–2021 | 2021– |
| Anmerkungen | zul. GG 6,8 t; Motor nach EURO 6-Norm; auf Wunsch auch mit OM 642 mit 190 PS | zul. GG 6,8 t; Motor nach EURO 6 D-Norm; auf Wunsch auch mit 190 PS |

Spitzenmodell der neuen Sprinter-Minibusse ist der Travel 75 mit eigenständiger Karosserielinie.
*Pressefotos Daimler AG*

Im Heck verfügt der Sprinter Travel 75 über einen geräumigen Kofferraum. *Pressefoto Daimler AG*

Im Fahrgastraum finden wir wie im Transfer wieder eine 1 + 2-Bestuhlung, diesmal aber in Form bequemer Reiseomnibus-Sitze. *Pressefoto Daimler AG*

*Oben:* Tourist 719 nennt der österreichische Hersteller Kutsenits den Aufbau, den er auf das aktuelle Sprinter-Chassis setzt. *Foto Alexander Weber*

*Mitte links:* Hier sehen wir Linienaufbau mit Niederflureinstieg auf Sprinter-Basis von Integralia aus Spanien. *Foto Alexander Weber*

*Mitte rechts:* Der Business des litauischen Minibusproduzenten Altas ist ein Sprinter-Luxusreiseomnibus. *Foto Alexander Weber*

*Unten links:* Auf der Busworld 2019 in Brüssel zeigt Ilesbus aus der Türkei sein Modell Vegas auf Basis des Sprinter VS 30. *Foto Alexander Weber*

*Unten rechts:* Ein weiterer türkischer Hersteller, der Minibusse auf Sprinter-Basis anbietet, ist die Firma Tekaydinlar aus Bursa. Hier sehen wir den High Deck VIP. *Foto Alexander Weber*

# Fahrgestelle und Bodengruppen für Aufbauhersteller

Als 1948 die Omnibusproduktion bei Daimler-Benz wieder startet, bietet das Unternehmen seine Omnibusfahrgestelle und später auch -bodengruppen natürlich auch externen Aufbauherstellern als Basis für Eigenkreationen an. Daneben gibt es ab 1953 in Form der OP-Fahrgestelle auch noch Frontlenker-Chassis der bekannten Haubenomnibusse, welchen sehr bald auch spezielle Frontlenker-Lastwagenchassis für Fremdaufbauten zur Seite gestellt werden, die gerade für außereuropäische Exportmärkte das robuste Fahrgestell der Wahl für Omnibusse darstellen. Da die Nachfrage nach solchen reinen Rahmenfahrgestellen auf den diversen Exportmärkten bis heute ungebrochen ist, baut Daimler-Benz das Angebot in den folgenden Jahren kontinuierlich aus. Hierbei kann man zwei Produktlinien unterscheiden. Zum einen die LO- und LPO-Chassis, die von Lieferwagen- und Lastwagenchassis abgeleitet sind, und die 1967 eingeführten OF- und OH-Chassis. Hierbei handelt es sich um reine Omnibusfahrgestelle in Hochrahmenbauweise mit Front- (OF) oder Heckmotor (OH). Beide Produktlinien nutzen hierbei die ab 1963 verwendete neue Nomenklatur der Typenbezeichnungen, bei der die letzten beiden Ziffern die Motorleistung in PS und die übrigen Zahlen die Nutzlast in Tonnen verschlüsseln. Anfang

Die Frontlenker-Lastwagen des Typs LP 322 kommen 1959 auf den Markt. Sie werden auch als nackte Chassis verkauft, von denen es in Form des LPO 322 eine spezielle Variante für Omnibusaufbauten gibt. Dieses Exemplar aus Ceylon nutzt den originalen Windlauf.

Hier sehen wir dagegen einen LPO 322 aus brasilianischer Fertigung, den ein lokaler Karosseriebauer komplett eingekleidet hat.

1963 wird aus der LP 322 der LP 1113. Biamax versieht das LPO 1113-Chassis mit diesem recht einfach gehaltenen Aufbau.

Diese Kreation eines französischen Aufbauherstellers für das LPO 1113-Fahrwerk ist eindeutig vom O 321 H inspiriert.

In Kuala Lumpur, der Hauptstadt Malaysias, ist dieser Omnibus unterwegs. Wie seine hochbeinige Optik schon verrät, basiert er auf einem Lastwagenchassis, und zwar auf einem LP 323.

1963 ist die Aufnahme entstanden. Sie zeigt einen LP 328 mit verlängertem Radstand und Omnibusaufbau eines norwegischen Karossiers.

Durch den Verkehr der belgischen Hauptstadt Brüssel kämpft sich dagegen dieser LP 328 mit Aufbau eines lokalen Karosseriebauers.

der 1980er-Jahre erfährt das Programm dann eine leichte Umstellung. Die Typenbezeichnungen LO und LPO verschwinden, stattdessen erhalten modifizierte Lieferwagen- und Lastwagenfahrgestelle für Omnibusaufbauten nun Typenbezeichnungen mit vorangestelltem O. Bei den OF- und OH-Chassis geht Daimler-Benz dagegen dazu über, diese nun in einer Halb-Niederrahmenbauweise zu fertigen. Während OF- und OH-Fahrgestelle bis heute zum Produktionsprogramm gehören, wird mit dem Produktionsende des LN 2-Lastwagens 1998 die Praxis, spezielle, modifizierte Lastwagenchassis für Omnibusaufbauten anzubieten, aufgegeben. Allerdings wird gerade der LN 2-Nachfolger Atego, der mit einer optionalen Luftfederung geordert werden kann, auch weiterhin immer wieder als Basis für Omnibusse dienen.

Neben diesen Rahmenchassis erweitert sich das Angebot im Jahr 2000 noch um das modulare Halbchassis OC 500 RF aus dem spanischen EvoBus-Werk Sámano. Es besteht aus einem Front-Modul, dem Vorderachs-Modul, einem so genannten „Buggy" als Mittelteil mit variabler Länge und dem Hinterachsmodul mit dem Motor, das mit einer oder zwei Achsen versehen werden kann. Diesem Hochboden-Halbchassis wird ab 2001 noch eine Low Entry-Version namens OC 500 LE zur Seite gestellt. Sowohl die OC 500-Halbchassis wie auch die OF- und OH-Rahmenchassis machen natürlich alle technischen Evolutionen des Omnibusprogramms der Marke Mercedes-Benz mit, allerdings sind sie gerade auf Exportmärkten auch in einfacheren Versionen und mit Motoren mit niedrigeren EURO-Normen erhältlich. Da eine detaillierte Auflistung aller jemals produzierten Omnibuschassis, Halbchassis und Bodengruppen den Rahmen dieses Buches sprengen würde, sollen auf den folgenden Seiten beispielhaft einige der Kreationen zu sehen sein, die die diversen Karosseriebaufirmen in den vergangenen Jahren auf Basis der verschiedenen Fahrwerke geschaffen haben.

Für den Export ist dieser LP 338 mit Vetter-Überlandkarosserie aus dem Jahr 1961 gedacht.

Auf Basis des Kurzhauber-Lastwagens L 1114 entwickelt die Mercedes-Benz Argentina 1970 das Fahrgestell LO 1114. Bis 1988 entstehen rund 29.000 Exemplare, die von lokalen Aufbauherstellern mit Omnibusaufbauten versehen werden, welche ihre Besitzer oft farbenfroh verzieren. *Sammlung Alexander Weber*

In diesem Falle dient ein L 911 als Zugmaschine für einen Vorfeldsattelschlepperomnibus.

Der LPO 608 basiert auf den leichten kubischen Lastwagen der Marke Mercedes-Benz. Er ist in den 1960er- und 1970er-Jahren das Chassis der Wahl für Midibusse wie diesen hier von Ernst Auwärter.
*Werksfoto E. Auwärter – Sammlung Alexander Weber*

Hier sehen wir dagegen einen LPO 608 mit Aufbau von Vetter.
*Werksfoto Vetter – Sammlung Alexander Weber*

Als O 306 wird dieser Omnibusaufbau auf einem LP 808-Lastwagenchassis bezeichnet, der in Indonesien entstanden ist.

Diesen LPO 608 hat der belgische Aufbauhersteller Jonckheere eingekleidet.
*Werksfoto Jonckheere – Sammlung Alexander Weber*

Der LP 1013 ist ein mittlerer, kubischer Lastwagen. In Singapur findet er auch als Basis für Omnibusse Verwendung.

Bei diesem LP 1013 erinnert nichts mehr an die Lastwagenbasis, die unter dem Blech steckt.
*Sammlung Alexander Weber*

Auf Malaysia ist dieser LP 1113 als Omnibus unterwegs.

Der O 1120 ist ein vom Lastwagen der Baureihe LN 2 abgeleitetes Omnibus-Chassis. Ernst Auwärter nutzt es als Basis für seinen Clubstar.
*Werksfoto E. Auwärter – Sammlung Alexander Weber*

Auch unter dem Blech des Sitcar Royal 770 verbirgt sich ein Chassis der Baureihe LN 2. *Werksfoto Sitcar – Sammlung Alexander Weber*

Auf dem aktuellen Atego basiert hingegen dieser Schulbus des Typs Foz 2400 des brasilianischen Herstellers Caio.
*Pressefoto Daimler AG*

Dieser Atego eilt im Juni 2012 dem Petersdom in Rom entgegen. Sein Aufbau stammt von NewCar und trägt den Namen Smile 2.
*Foto Alexander Weber*

Auf diesem Foto ist ein Atego 1524 L mit Touring-Karosserie des türkischen Herstellers Erduman zu sehen. *Foto Alexander Weber*

Unter dem Blechkleid dieses modernen Schulbusses verbirgt sich ein Atego 911. Den Aufbau hat der kenianische Hersteller Dobie gefertigt.
*Pressefoto Daimler AG*

Für Fahrten ins australische Outback ist ein robusteres Fahrgestell vonnöten. APT Touring hat sich deshalb auf Basis des Axor 1833 diesen allradbetriebenen Omnibus bauen lassen.
*Pressefoto APT Touring*

Seit 1994 fertigt die PT German Motor Manufacturing, aus der die Mercedes-Benz Indonesia hervorgehen wird, das mittlere Frontlenkerchassis MB 700, das es als MBO 700 auch als Omnibuschassis gibt. Einen solchen MBO 700 mit indonesischem Aufbau sehen wir hier.
*Sammlung Alexander Weber*

Als Ersatz für das OP 315-Chassis bietet Daimler-Benz zwischen 1960 und 1961 das OP 320-Fahrgestell an, von dem aber nur 95 Exemplare entstehen, die alle in den Export gehen. Vetter fertigt auf dem OP 320-Fahrwerk eine Serie von Stadtlinienomnibussen für Griechenland.
*Werksfoto Vetter – Sammlung Alexander Weber*

Speziell für den asiatischen Markt entwickelt Daimler-Benz 1970 eine einfach zu montierende Leichtmetall-Karosserie für das Frontmotorchassis OF 1113. Das Fahrzeug wird als O 306 vermarktet und unter anderem nach Singapur als CKD geliefert und vor Ort zusammengebaut.

Auch der griechische Importeur von Daimler-Benz und Aufbauhersteller Biamax entwickelt eine Karosserie für das OF 1113-Chassis.

Die PT German Motor Manufacturing nutzt die Typenbezeichnung O 306 auch für ihren Karosserieentwurf, den sie auf das OF 1113-Fahrgestell setzt. Dieser erinnert stark an den O 302.
*Sammlung Alexander Weber*

Pacific nennt sich der Jonckheere-Aufbau auf Basis des OF 1113, den die Belgier in den Irak liefern. *Werksfoto Jockheere – Sammlung Alexander Weber*

Hier sehen wir einen OF 1113 aus brasilianischer Fertigung, den Marcopolo mit einem recht eckigen Aufbau des Typs Veneza versehen hat.
*Werksfoto Marcopolo – Sammlung Alexander Weber*

Dieser Jonckheere Transcity basiert auf dem größeren Frontmotorchassis OF 1317. *Werksfoto Jonckheere – Sammlung Alexander Weber*

Der finnische Karosseriebauer Vest hat diesen OF 1317 mit einem Überlandlinienaufbau versehen.

Mehr als simpel ist der Aufbau von Jonckheere für das Frontmotor-Chassis OF 1621 für die mauretanische Busgesellschaft STPN geraten.
*Werksfoto Jonckheere – Sammlung Alexander Weber*

In ähnlich rustikaler Optik präsentiert sich dieser OF 1621 mit Heuliez-Aufbau.

Die staatliche, nigerianische Transportgesellschaft in Lagos hat drei OF 1621 mit Van Hool-Karosserie in ihrem Fuhrpark.

Der OF 1418 ist ein Frontmotorchassis aus brasilianischer Fertigung. Neobus nutzt es für seinen Linienomnibus Spectrum City.
*Pressefoto Daimler AG*

Der Überlandlinienomnibus Ideale 770 von Marcopolo basiert auf dem OF 1724-Fahrgestell der Mercedes-Benz do Brasil. *Pressefoto Daimler AG*

Die Frontmotorchassis aus brasilianischer Fertigung werden auch auf dem afrikanischen Markt angeboten. Dobie aus Kenia versieht den OF 1730 mit diesem Überlandlinienaufbau. *Pressefoto Daimler AG*

Parallel zum O 306 auf dem Frontmotorchassis OF 1113 entsteht auch der OH 306 auf dem Heckmotorchassis OH 1113.

Schlicht Marcopolo II nennt der brasilianische Omnibusbauer Marcopolo diesen imposanten Reiseomnibus. Er basiert auf dem Heckmotorfahrwerk OH 1113.
*Werksfoto Marcopolo – Sammlung Alexander Weber*

*Oben:* Hier sehen wir einen OH 1313 aus brasilianischer Fertigung mit einer Caio-Karosserie. *Werksfoto Caio – Sammlung Alexander Weber*

*Links:* Der OH 1416 bietet die Basis für das Modell Urbanranger von Wright. *Sammlung Alexander Weber*

*Unten links:* Mit einem Aufbau des australischen Herstellers PMCSA ist dieser OH 1617 versehen. *Sammlung Alexander Weber*

*Unten rechts:* Die Mercedes-Benz France lässt bei Gangloff in Colmar das Modell Transpol fertigen und vertreibt es im eigenen Omnibusprogramm. Der Überlandlinienomnibus basiert auf dem luftgefederten Heckmotorchassis OHL 1625. *Sammlung Alexander Weber*

Bei diesem Fahrzeug handelt es sich um einen Marcopolo Torino G6 auf einem OH 1420-Fahrgestell aus dem Programm der Mercedes-Benz do Brasil.

Im Auftrag des indonesischen Busherstellers Laksana produziert der Karosseriebauer Tentrem den Cityline auf dem OH 1626-Fahrgestell.
*Pressefoto Daimler AG*

Auf dieser Abbildung ist der Stadtlinienomnibus Torino Low Entry des brasilianischen Herstellers Marcopolo zu sehen. Das Fahrgestell stammt ebenfalls aus brasilianischer Fertigung und ist das luftgefederte Heckmotorchassis OH 1721 L.
*Pressefoto Daimler AG*

*Oben links:* Exklusiv für den Markt in Großbritannien bietet die EvoBus zwischen 2002 und 2007 den Touro an. Der Reiseomnibus entsteht auf einem verkürzten OC 500 RF-Halbchassis, das bei Caetano mit einem Aufbau versehen wird, der dem des Tourino recht ähnlich sieht.
*Pressefoto Daimler AG*

*Oben rechts:* Als neues Spitzenmodell stellt Ernst Auwärter 2002 den Eurostar SHD-L vor. Basis des Dreiachsers ist das OC 500-Halbchassis.
*Foto Alexander Weber*

*Rechts:* Dieser OC 500 LE mit einer von Thonbury Bus Body im Auftrag von Gemilang gefertigten Karosserie hat sich offensichtlich den Citaro zum Vorbild genommen.
*Pressefoto Daimler AG*

Wer Stuttgart mit dem Sightseeingbus erkunden will, wird eventuell in diesem Fahrzeug Platz nehmen. Der Unvi Urbi ist ein Doppeldecker auf dem Low Entry-Halbchassis OC 500 LE.
*Foto Alexander Weber*

Die letzte Omnibuskreation des traditionsreichen Herstellers De Simon aus Udine war der Millemiglia. Die EAVBus aus Neapel hat diesen in der 10-m-Version auf Basis des OC 500 RF in ihrem Fuhrpark.

*Foto Alexander Weber*

Barak 21 lautet die Modellbezeichnung dieses Überlandlinienomnibusses des israelischen Herstellers Haargaz. Auch dieser nutzt das OC 500-Halbchassis als Basis.

*Foto Alon Siton*

Auf der IAA Nutzfahrzeuge 2018 stellt der ägyptische Hersteller MCV Bus and Coach diesen Doppeldecker des Typs MCV 800 aus. Unter dem Blech steckt das dreiachsige OC 500-Halbchassis.

*Foto Alexander Weber*

Die Mercedes-Benz do Brasil entwickelt aus dem O 321 H eigene Omnibusse wie diesen O 362, dessen Bodengruppe sie auch externen Aufbauherstellern zur Verfügung stellt.

Hier sehen wir einen O 355 aus dem Angebot der Mercedes-Benz do Brasil mit einem Caio-Aufbau des Typs Corcovado.

*Werksfoto Caio – Sammlung Alexander Weber*

Die Mercedes-Benz Argentina nutzt wiederum die Bodengruppen aus brasilianischer Fertigung, um diese zu eigenen, selbsttragenden Modellreihen weiterzuentwickeln. Der O 170 ist ein Beispiel hierfür, wobei das hier abgebildete Fahrzeug mit Ciferal-Karosserie der deutschen Nationalmannschaft während der WM 1978 als Mannschaftsomnibus dient.

Der letzte Komplettomnibus der Mercedes-Benz do Brasil war der O 400, der zwischen 1994 und 1996 gefertigt wurde. Als Halbchassis für externe Aufbauhersteller blieb die Baureihe noch bis 2004 im Programm.

*Pressefoto Daimler AG*

Nachfolger des O 400 ist der O 500, der seit 2001 in verschiedenen Versionen in Brasilien von den Bändern rollt und nur noch als nacktes Halbchassis angeboten wird. Hier sehen wir einen O 500 MA mit Mega BRT-Karosserie von Neobus.

*Pressefoto Daimler AG*

Eine gewaltige Erscheinung ist der vierachsige O 500 RS mit zwei gelenkten Vorderachsen, den Marcopolo mit einem Paradiso G7-Doppeldeckeraufbau versehen hat. *Pressefoto Daimler AG*

Seit 2021 gibt es den O 500 auch in einer vollelektrischen Version als eO 500 U, hier mit der Millenium-Karosserie von Caio. *Pressefoto Daimler AG*

Der O 500 wird auch nach Asien exportiert. Hier montiert seit 2021 der vietnamesische Hersteller Thaco CKDs des Halbchassis aus Brasilien und versieht diese unter anderem mit einem eigenen Hochdeckeraufbau. *Pressefoto Daimler AG*

## Literatur


**Bücher:** ■ Barthel, Manfred und Lingnau, Gerold; 100 Jahre Daimler Benz – Die Technik; Hase & Koehler; 1986 ■ Cyrkel-Maier, Marc; Bei Daimler-Benz in Gaggenau – Das Nutzfahrzeugwerk in den Jahren 1926–1945; Tectum; 2011 ■ Daimler AG (Hrsg.); Daimler Chronik; Steidl; 2011 ■ Daimler-Benz AG (Hrsg.); Chronik Mercedes-Benz Fahrzeuge und Motoren; Daimler-Benz AG; 1978 ■ Daimler-Benz AG (Hrsg.); Illustrierte Chronik der Daimler-Benz AG; Daimler-Benz AG; 1998 ■ Daimler-Benz AG (Hrsg.); Werk Untertürkheim; Daimler-Benz AG; 1983 ■ DaimlerChrysler AG (Hrsg.); 100 Jahre DaimerChrysler Werk Berlin; DaimlerChrysler Konzernarchiv; 2002 ■ DaimlerChrysler AG (Hrsg.); 100 Jahre Werk Untertürkheim 1904–2004; DaimlerChrysler Konzernarchiv; 2004 ■ Feldenkirchen, Wilfried; Von Daimler und Benz zur DaimlerChrysler AG – Band 1: Die ersten 100 Jahre 1883–1983; Herbig; 2003 ■ Kruk, Max und Lingnau, Gerold; 100 Jahre Daimler Benz – Das Unternehmen; Hase & Koehler; 1986 ■ Mercedes-Benz AG (Hrsg.); 100 Jahre Daimler-Motoren-Gesellschaft 1890–1990; Mercedes-Benz AG; 1990 ■ Mutard, Dieter; 100 Jahre lebendige Automobilgeschichte – Das Mercedes-Benz Werk Gaggenau – wegweisende Entwicklungen im Fahrzeugbau; Daimler AG; 2011 ■ Oswald, Werner; Mercedes-Benz Lastwagen und Omnibuse 1896–1986; Motorbuch Verlag; 2019 ■ Pohl, Hans; Die Omnibusgeschichte der Daimler-Benz AG und ihrer Vorgängerfirmen 1895–1995; Delius Klasing; 2000 ■ Regenberg, Bernd; Die Deutschen Lastwagen der Wirtschaftswunderzeit Band 3: Omnibusse; Podszun; 1988 ■ Schneider, Peter; Typenkompass Mercedes-Benz Omnibusse 1948–1982; Motorbuch Verlag; 2005 ■ Unruh, Randolf; Mercedes-Benz Transporter – Von Bremern, Düsseldorfern, Sprintern & Co.; Motorbuch Verlag; 2022 ■ Wessel, Michael; Vom Orient-Express zum MB-trac – Fahrzeugbau in Gaggenau; Sonderdruck aus dem Heimatbuch 1981 des Landkreises Rastatt ■ Wessel, Michael; 1895–1995: 100 Jahre Automobilbau in Gaggenau – Die Anfänge; Sonderdruck aus dem Heimatbuch 1995 des Landkreises Rastatt

**Zeitschriften:** ■ ATZ Automobiltechnische Zeitschrift ■ Autobus ■ Busfahrer ■ Busplaner ■ Das Lastauto ■ Das Nutzfahrzeug ■ Der Bus ■ Homme e Bus ■ Industrie-Rundschau ■ Lastauto Omnibus ■ Motor ■ Omnibus Revue ■ Omnibusspiegel ■ Verkehrs-Rundschau


## Bildquellen

Sofern nicht anders vermerkt, stammen sämtliche Abbildungen aus den Archiven von Mercedes-Benz Classic.

# Weitere Bücher unseres Verlages – eine Auswahl

374 Seiten, 850 Bilder, 28 x 21 cm
Festeinband, ISBN 9783861339403
EUR 49,90 Bestellnummer **940**

360 Seiten, 800 Bilder, 28 x 21 cm
Festeinband, ISBN 9783861339830
EUR 49,90 Bestellnummer **983**

160 Seiten, 480 Bilder, 28 x 21 cm
Festeinband, ISBN 9783861339649
EUR 29,90 Bestellnummer **964**

180 Seiten, 600 Bilder, 28 x 21 cm
Festeinband, ISBN 9783861339922
EUR 29,90 Bestellnummer **992**

224 Seiten, 540 Bilder, 28 x 21 cm
Festeinband, ISBN 9783751610766
EUR 39,90 Bestellnummer **1076**

240 Seiten, 600 Bilder, 28 x 21 cm
Festeinband, ISBN 9783751610292
EUR 39,90 Bestellnummer **1029**

180 Seiten, 550 Bilder, 28 x 21 cm
Festeinband, ISBN 9783861339083
EUR 29,90 Bestellnummer **908**

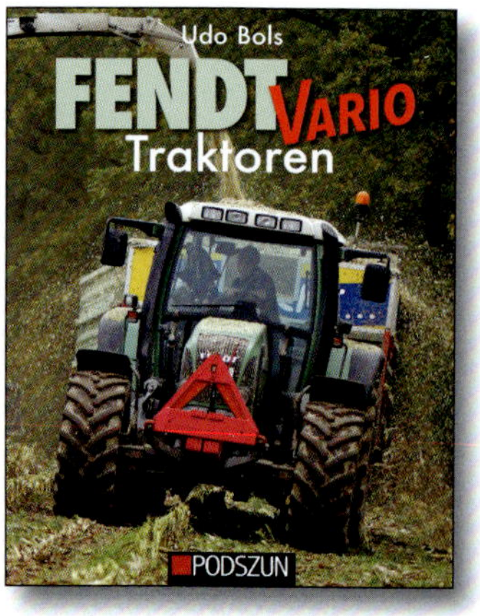


136 Seiten, 280 Bilder, 28 x 21 cm
Festeinband, ISBN 9783751610339
EUR 29,90 Bestellnummer **1033**

240 Seiten, 600 Bilder, 28 x 21 cm
Festeinband, ISBN 9783751610650
EUR 39,90 Bestellnummer **1065**

176 Seiten, 480 Bilder, 28 x 21 cm
Festeinband, ISBN 9783751610704
EUR 29,90 Bestellnummer **1070**

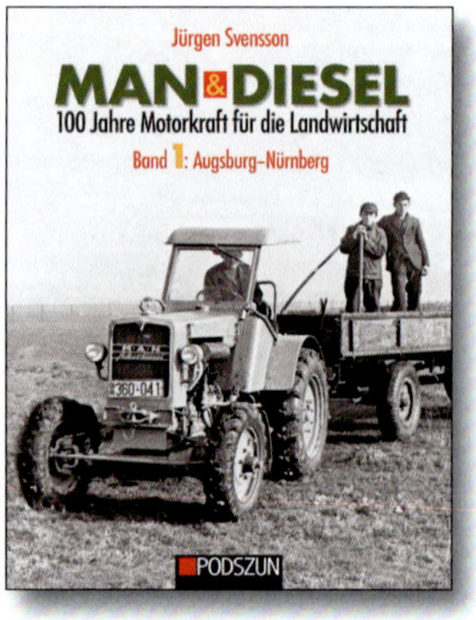


180 Seiten, 580 Bilder, 28 x 21 cm
Festeinband, ISBN 9783861338987
EUR 29,90 Bestellnummer **898**

180 Seiten, 600 Bilder, 28 x 21 cm
Festeinband, ISBN 9783861338994
EUR 29,90 Bestellnummer **899**

Fordern Sie unseren Prospekt an mit Büchern über Autos, Motorräder, Lastwagen, Traktoren, Forstfahrzeuge, Lokomotiven, Baumaschinen, Feuerwehrfahrzeuge, Schwertransporte, Autokrane, Flugzeuge:

Verlag Podszun Motorbücher GmbH, Elisabethstraße 23-25, 59929 Brilon
Telefon: 02961-53213, Fax: 02961-9639900, Email: info@podszun-verlag.de, Webshop: www.podszun-verlag.de

224 Seiten, 660 Bilder, 28 x 21 cm
Festeinband, ISBN 9783751610315
EUR 39,90 Bestellnummer **1031**

240 Seiten, 565 Bilder, 28 x 21 cm
Festeinband, ISBN 9783751610667
EUR 39,90 Bestellnummer **1066**

160 Seiten, 540 Bilder, 28 x 21 cm
Festeinband, ISBN 9783861339892
EUR 29,90 Bestellnummer **989**

240 Seiten, 770 Bilder, 28 x 21 cm
Festeinband, ISBN 9783751610285
EUR 29,90 Bestellnummer **1028**

144 Seiten, 280 Bilder, 28 x 21 cm
Festeinband, ISBN 9783861338383
EUR 29,90 Bestellnummer **838**

220 Seiten, 550 Bilder, 28 x 21 cm
Festeinband, ISBN 9783861334569
EUR 39,90 Bestellnummer **456**

216 Seiten, 310 Bilder, 28 x 21 cm
Festeinband, ISBN 9783861331919
EUR 17,45 Bestellnummer **191**

198 Seiten, 645 Bilder, 28 x 21 cm
Festeinband, ISBN 9783861338543
EUR 34,90 Bestellnummer **854**

240 Seiten, 600 Bilder, 28 x 21 cm
Festeinband, ISBN 99783751610711
EUR 39,90 Bestellnummer **1071**

240 Seiten, 610 Bilder, 28 x 21 cm
Festeinband, ISBN 9783751610728
EUR 39,90 Bestellnummer **1072**

240 Seiten, 595 Bilder, 28 x 21 cm
Festeinband, ISBN 9783751610735
EUR 39,90 Bestellnummer **1073**

240 Seiten, 610 Bilder, 28 x 21 cm
Festeinband, ISBN 9783751610742
EUR 39,90 Bestellnummer **1074**